特立笃行

——新时代中国特种设备安全建设侧记

中国特种设备安全发展历程研究课题组◎编著

中国质量标准出版传媒有限公司
中国标准出版社
北京

图书在版编目（CIP）数据

特立笃行：新时代中国特种设备安全建设侧记 / 中国特
种设备安全发展历程研究课题组编著 . —北京：中国质
量标准出版传媒有限公司，2023.6

ISBN 978-7-5026-5170-1

Ⅰ . ①特… Ⅱ . ①中… Ⅲ . ①设备安全－安全管
理－中国 Ⅳ . ① X931

中国国家版本馆 CIP 数据核字（2023）第 092212 号

特立笃行 ——新时代中国特种设备安全建设侧记

中国质量标准出版传媒有限公司　出版发行
中国标准出版社

北京市朝阳区和平里西街甲 2 号（100029）

北京市西城区三里河北街 16 号（100045）

网址：www.spc.net.cn

总编室：（010）68533533　发行中心：（010）51780238

读者服务部：（010）68523946

北京博海升彩色印刷有限公司印刷

各地新华书店经销

*

开本 710×1000 1/16　印张 20.25　字数 233 千字

2023 年 6 月第一版　2023 年 6 月第一次印刷

*

定价 108.00 元

本书编写组

总 撰 稿　汪发楷

主　　 笔　梁万魁　解小燕

特约编辑　汪鹤林

首席撰稿　徐建华　彭燮　苟明

撰　　 稿　蓝麒　李基宁

目录

01/好戏唱响大舞台

02/热线热了众人心

03/特种"剑"出鞘

09／当惊世界殊

10／国门外闯出新天地

序章/

让我特别地告诉您

——特种设备与它的守护人

翻开新时代波澜壮阔的画卷，一幕幕令人惊叹的"特"写画面，争先恐后地浮现在人们眼前：

在浩瀚无垠的神秘苍穹，中国空间站伸出两只神奇的机械臂，巧妙地托起了出舱作业的航天员，同时也又一次托起了"扶摇直上九万里"的中华民族飞天梦。

在险象环生的太平洋马里亚纳海沟，中国载人潜水器创造了深海下潜的新纪录：表层每平方米可承受万吨压力的"奋斗者"号，将潜航员送到深达10909米的海底，又一次把中华儿女"敢下五洋捉鳖"的豪迈气概，铭刻在了浪花飞溅的大洋心中。

在连绵起伏的山峦和千里沃野的"肌肤"之内，西气东输一线工程长达数千公里的压力管道，恰似一条看不见的游龙，横贯9个省、自治区、直辖市，引领着天然气从塔里木盆地出发，一路安全输送到我国东部直至大上海，从而谱写了气壮山河的新篇章。

太空机械臂，深海载人潜水器，长输油气管道……这些"神器"都有一个共同的名字——特种设备。

就是这些特种设备，以其特有的魅力和支撑力，为新时代增添了特别的新色调。

新色调的底色，渗透着一个又一个特殊守护人的心血和一位又一位特种"医生"的汗水。

特绘一道风景

说到特种设备，很多人也许觉得比较陌生，甚至感到有些神秘。

其实，特种设备就在我们身边。每个人，每一天，几乎都会看到、用到、接触到特种设备。

冷酷的外表火热的心！曾经名不见经传的特种设备"八大金刚"，已经为人们的生活描绘出了一道特别的风景。

被俗称为"八大金刚"的是：锅炉、压力容器（含气瓶）、压力管道、电梯、起重机械、客运索道、大型游乐设施、场（厂）内专用机动车辆。

它们温顺但有时也暴躁，充斥着潜在的危险，所以显得格外娇贵，因此国家专门立下了特种设备安全法，全天候地守护着百姓和设备的安全。

上上下下总关情

"出门第一站，回家最后一程"。有人把电梯的作用形容得如此形象到位。

请把目光投向上海：这座国际化的大都市，似乎和电梯有着特别的缘分。

上海人早就感受到了"上上下下"的方便与乐趣：早在1907年，上海汇中饭店便安装了中国第一台电梯；1936年，中国第一台扶梯也落户于此。如今，上海有着全球技术领先的电梯制造企业。进入21世纪后，上海一跃成为全球在用电梯数量最多的城市，全市在用电梯数量近29万台。

上海还拥有一项世界电梯之最——上海中心大厦的3台超快速电梯，是目前全球速度最快的电梯，每秒最快可上升20.5米，折算时速达73.8公里，只需55秒便可将乘客从地下二层送达119层。有游客在微博上写下了这样一段话："如果闭上眼睛，会有种坐飞机的错觉，甚至有点耳鸣。"

在我国大江南北，也时常闪现着全球电梯之最的身影：目前全球最长的斜行电梯——湖北恩施板桥镇鹿院坪景区电梯，其升降垂直高度有300米，运行夹角达47度，让游客们毫不费力就能领略峡谷地缝的独特风景；目前全球最高、承载量最大的户外电梯——湖南张家界百龙天梯，垂直高度差达到了335米，高度比100层楼还高，游客们能在66秒的时间里拥有一段穿云破雾的奇幻体验。

如今，我国电梯保有量、年产量、年增量均为世界第一。我国每天乘坐电梯的人次达到20亿以上。电梯，已成为我国每天运送人次最多的交通工具。

举重若轻

上上下下忙碌的特种设备，除了电梯，还有不知疲倦的起重机械。

商朝用于农业灌溉的桔槔，周朝发明的提水辘轳，均为我国早期的简单起重工具。

如今，在热火朝天的建设工地，在汽笛争鸣的港口码头，在灯火通明的生产车间，起重机修长而又灵巧的臂膀，总会吸引众多的目光。

它们稳重而又踏实，一次次将那些庞然大物轻轻提起，又稳稳放下，用实际行动诠释了什么叫负重前行，什么叫举重若轻。

2020年春节，新冠疫情肆虐，湖北武汉火速建造了"雷神山""火神山"医院。全国网友们通过央视网直播"云监工"，给项目现场的7台起重机取了个统一的名字"小绿"。有网友评论："小绿最实在，24小时不休息，又吊集装箱又吊装板房，啥重活累活都干。"
网友说得没错！如果没有"小绿"全情投入的"中国力量"，10天建
成一家特殊医院的"中国速度"，也就无从谈起。

在江苏徐州，一台堪称"超级巨无霸"的全球最大塔式起重机，为
"中国力量"军团再添一员猛将。其最大起升高度400米，最大起重量
600吨，一次性可吊起500辆小汽车，刷新了塔式起重机吊载世界纪录。

这台神勇的起重机，开始是为目前世界最大跨度公铁两用斜拉
桥——常泰长江大桥，和目前世界最大跨度三塔斜拉桥——巢马铁路
马鞍山长江大桥的建设需求量身定制的。毋庸置疑，当世界级的起重
装备遇上世界级的超级工程，这样的"强强联合"必定会让"大国建
造"再火上一把。

徐工集团一台4000吨级履带式起重机，其令人震撼的威武雄风，
还飞越千山万水，在国门外尽情地展示。首秀就将沙特阿拉伯高达
101米、重达1926吨的化工洗涤塔，稳稳地吊装到位。神奇而又火热
的场面，赢得了在场很多人的热情赞叹。

"胸"有一团火

说到火，人们自然会想到另外一位"满腔怒火"的主角——锅炉。

作为因第一次工业革命而走上历史舞台的能量转换装置，它逐渐
成为名副其实的工业"心脏"。火对它来说，不仅意味着温度，更代
表着能量。

我国古代充满神话色彩的炼丹炉，可视为锅炉的雏形。1877年，
清政府设立的四川机器制造局开始使用从英国购买的现代锅炉，这也

是中国最早的锅炉使用记载。可以说，锅炉推动并见证了中国工业从无到有、从弱到强的非凡历程。

随着技术路径和工作模式的更新换代，"烧锅炉"早已成为历史，但锅炉却依旧是国计民生离不开的关键设备。

在广西防城港，全球首台超超临界燃气锅炉已经投产运行，它同时刷新了运行压力、温度和发电效率等多项世界纪录。这套锅炉设备主蒸汽压力为25.4兆帕，主蒸汽温度达到605℃，再热蒸汽温度达到603℃，均为目前世界最高水平。该燃气锅炉机组可谓是"精打细算过日子"的代表！它将钢铁生产排放的废气"吃干榨净"，然后变成清洁电能，实现了发电功率、发电效率的新突破。年发电量可达10.6亿千瓦时，直接经济效益超5亿元，一年可减少二氧化碳排放85.4万吨，从而开启了我国钢铁行业环保降碳的新篇章。

曾几何时，一到冬季，北方地区的天空就是灰蒙蒙的，燃煤锅炉是供暖主力军，煤灰从烟囱口四处飘散，几乎随处可见"光灰"的城市。如今，燃煤锅炉、燃油锅炉逐步被燃气锅炉、电气锅炉所取代。锅炉的更新换代，配合清洁技术的升级，不仅节省了资源，还保护了环境。

2022年10月，中国海拔最高、单体容量最大的固体蓄热式电锅炉，在青海正式运行。它将新能源电能就地消纳转化为热能，可保证青海海南藏族自治州贵南县全县供暖需求，每年可节约标准煤14906吨，减少二氧化碳排放37267吨，减少二氧化硫排放280吨，减少粉尘排放89吨，实现了由"绿电"带动"绿暖"的清洁供暖新模式，为当地藏族民众送去了"绿色温暖"。

"压"出来的福气

谁能想到,高压也可以"压"出福气,还可以"压"出底气!这可是压力管道和压力容器的神奇之处。

同属承压类特种设备的锅炉、压力容器和压力管道,"哥仨"被形象地称为"现代经济的锅碗瓢盆",承载运输的是经济发展必不可少的能源和物质,"抗压能力强"是它们共同的特点。

请看压力容器!

它广泛应用于石油、化工、医药、环保、冶金、食品、生物工程及国防等工业领域。从石化行业的天然气储罐到医院的高压氧舱,再到百姓家里常见的燃气钢瓶,都是压力容器的"家庭成员"。它们为老百姓的新生活,增添了幸福的新滋味。

在江苏盐城,4座建设中的22万立方米液化天然气储罐和6座27万立方米储罐方显特种本色:总罐容达到250万立方米,是迄今为止全球最大的液化天然气储罐群。以27万立方米储罐为例,其直径为100米,高度达60米,罐体自身质量超过8万吨,光是储罐穹顶的面积就有1个标准足球场那么大,质量近1200吨,罐内可叠放3架C919大飞机。全部投产运行后,其液化天然气年处理能力将达600万吨,相当于气态天然气85亿立方米,可满足江苏省约28个月的民生用气需求。

在广西柳州,建有全国首个可同时容纳70名进舱人员的医用高压氧舱。在宽敞、明亮、洁净的大型多人空气加压舱里,患者只需坐在沙发上戴上氧气面罩,就能快速将高纯度的氧离子吸入肺中。研究表明,与普通吸氧设备相比,高压氧舱能够直接利用足够的氧量解决缺氧问题，对于抢救一氧化碳中毒及脑病、重型脑外伤昏迷等患者，具有不可替代的疗效，是现代医疗不可或缺的技术支撑之一。

请看压力管道！

它是城市深埋地下的"动脉血管"，是工业生产必不可少的"运输大队"。它们输送着原油、成品油、天然气、蒸汽、热水等重要的能源和物质，维系着强健跳动的工业脉搏，滋养着千家万户的烟火。

宏伟壮观的"西气东输"工程，闪现着它那游龙一般的雄姿：我国于2002年开工建设的该项工程，为全世界目前距离最长的管道工程。惠及人口近5亿，建设复杂程度堪称世界之最。总运营里程超过1.5万公里的输气管道，先后翻越天山、太行山等山脉，数次穿过黄河长江，将新疆塔里木气田产出的天然气，源源不断地输送到沿途各地，总输送能力达到了每年770亿立方米，使天然气占全国一次能源结构的比重由2.1%提高到3%。

有网友评论说，感谢"西气东输"，让咱中国人的底"气"更足了！

纵横交错的城市管网，演绎着扣人心弦的乐章：北京是仅次于莫斯科的全球第二大天然气消费城市。2021年，北京天然气消费量约190亿立方米，最高纪录为一天消费量1.29亿立方米。目前，北京建设了2.6万余公里的天然气供气管道，里程数全国排名第一，实现了管道天然气从市区到村镇的全覆盖，为736.6万户居民、2100多万常住人口的日常生活提供坚实保障。

抗压的压力管道，忍"压"负重地为老百姓"压"出了福气！

众望"索"归

日常柴米油盐的生活固然很重要，但从古至今，人们似乎总是放不下对"诗和远方"的向往。据史书记载，春秋战国时期，古人就已开始用藤索、竹索作为轨道，在崇山峻岭、大河峡谷间"溜索"穿行，这被视作客运索道的雏形。不管是为了解决出行问题，还是想换个角度领略世间美景，客运索道都是个不错的选择。

在贵州六盘水，有一条目前世界上最长的山地客运索道飞架天堑。索道高差为620米，全长近1万米，最高运行速度每秒6米，单程用时近1个小时。乘客坐在缆车里，便可穿越湿地湖泊、峰丛峡谷，纵览喀斯特山脉、峡谷、湿地、湖泊、城镇等多元景观。如果运气好，遇到雾天，还能真切体会在水墨画中穿行的梦幻感受。

在四川阿坝，海拔4680米的达古冰川山顶终年积雪，是全球海拔最低、面积最大、年纪最轻的冰川，也是离中心城市最近的冰川，被誉为"最近的遥远"。在这里，游客不用为高原登山缺氧而担心，因为这里有全世界海拔最高的客运索道。索道全长3400米，上下海拔跨度达到1460米，全程15分钟，可以让你在这片人迹罕至之地，感受到从未体验过的浪漫与纯粹。一位游客的感慨，代表了众多旅行者的共同心声："俯瞰着缓缓移动的冰山，在阳光的照耀之下愈发圣洁，心中抛弃了所有的杂念，此时此刻只想与天地融为一体。"

"上下求索"的索道，为游客飞架出了一道道美丽的彩虹。

"乐"此不疲

客运索道索然"有味"，摩天轮、过山车、大摆锤等大型游乐设施，更能让人们领略惊险与刺激。

在广州长隆旅游度假区，目前世界最大的"大摆锤"经常摆得人心惊肉跳。它臂高26米，重达56吨，最高时速110公里，最大摆幅240度，可以瞬间带人"飞"上42米高空，相当于10多层楼的高度。伴随着大摆锤一次次升高下落的，是游客们此起彼伏的尖叫声，这儿成了游乐园里一道独特的风景。网友的评价一下子抓住了要害："人在前面飞，魂在后面追。"

广州塔摩天轮，则让人们领略到了诗情画意。作为目前世界上最高的摩天轮，它位于广州塔顶450米高空处，凭借可靠的定位和抗倾侧装置，即便是遇到8级地震、12级台风，依旧可以"安然无恙"，让乘客在"水晶"观光球舱内，放心俯瞰羊城的迷人景色。

令人神往的大型游乐设施，每年吸引着上亿游客走近它、拥抱它，从中感受无穷无尽的乐趣。

"专车"立专功

与前面几种特种设备不同的是，场（厂）内专用机动车辆作为特种设备，似乎太追求"平平淡淡才是真"的感觉了。它们默默无闻，却又不可或缺。平时机场穿梭的摆渡车、工厂仓库的叉车和牵引车、景区接驳的观光车等，都属于这一类名气不大的"老黄牛"。

它的特别之处，不在于酷炫的外形，更不在于激情与速度，而是驾驭它，需要特别的资质；行驶时，需要走在特别的路段；同时用它独特的方式，执行特别的任务。

"专车"专立新功！它为游客提供了便利，它为景区增添了亮色，它为仓库"叉"分了忧虑，它为企业输送了新的动力。

其实，还有一些特种设备，守护在相对神秘的岗位上，鲜为人知，全身心地释放着光和热。它们堪称是这个时代的"无名英雄"！

竞相争艳

就是这"八大金刚"，支撑着中国特种设备产业日益兴旺。

2021年，全国特种设备制造企业销售收入4.49万亿元，相当于全国GDP的3.81%。截至2022年6月，全国特种设备总量1887万余台。

近年来，随着全国特种设备年均100多万台的增量，我国已成为世界上特种设备第一生产大国和使用大国。

在全球塔吊市场中，我国堪称一枝独秀，每年可以提供数万台起重设备。在龙门吊和全地形起重领域，我国也是当之无愧的世界第一。诞生过世界最大地面起重机的中联重科，2021年起重机年销售额高达53.45亿美元，跃居全球第一。该企业的履带式起重机市场占有率2019年曾位居全球第一。

更让国人引以为豪的是，振华重工的港口起重机，几乎主导了国际大型龙门吊市场，连续20多年稳居世界港口机械市场第一名。世界上凡是有集装箱的大型港口，几乎都能见到振华港机的身影。

在竞相争艳的特种设备产品中，还有一些"国之重器"，以其特有的英姿，吸引了世界的目光。

世界首台2000吨煤液化反应器，世界最大的1600吨加氢裂化反应器，在中国一重傲然现身。

创造百项发明专利、斩获4项全球第一的W1200型回转式塔吊，在三一重工惊人亮相。

轻松吊起重达2万吨驳船的世界提升质量最大、提升高度最高的桥式起重机，在山东烟台成功启用。

占地10个篮球场大小，一次能吊起3000多辆小轿车，创造4500吨世界最大移动起重能力的大吨位移动起重机，在浙江湖州横空出世。

……

就是这些前所未有的"中国制造"和"中国创造""中国智造"，以其全新的形象自立于世界民族之林，闪烁出了中华文明与智慧的灿烂之光。

特敲一串警钟

特种设备，既有乐于助人的一面，也有喜怒无常的时候！

温柔似水之时，就会显得"楚楚动人"，释放引人入胜的魅力；暴躁发怒之时，就会像老虎一样张牙舞爪，伤人毁物，甚至张开血盆大口"吃"人。

这就是特种设备天生的双重性格！

一个个血淋淋的教训，为我们敲响了一串串安全警钟！

索道索命

"月出惊山鸟，时鸣春涧中。"这首脍炙人口的千古名句，却在一夜之间被一起事故破坏了其宁静幽美的意境。

令人心碎的重大事故，发生在贵州省兴义市马岭河峡谷风景区。

这个险峻而又奇妙的风景区，拥有古老造山运动撕开的一条巨大的裂缝，曾被游人誉为"地球上最美丽的伤疤"。

"旧伤"成胜景，新伤却成痛！

1999年10月3日，马岭河风景区人流如织，兴高采烈的孩子们，摆出一个个夸张的动作和父母合影。一位来自南宁、仅两岁半的小游客，也手舞足蹈地出现在镜头里。

谁能想到，这竟是他和父母的最后一张合影！

因上山的路被缆车运营商封死，游客只得放弃步行，被迫登上了违规运营的缆车。

令人难以置信的是，一个不足5平方米、最多只能容纳十多人的空间里，最终被塞进了36个人。

其实，灾难早就埋下了伏笔：该索道运营前后，从报批到验收，多个环节存在严重漏洞；设计者和施工者，连基本的资质都没有；缆车等设备的操作者，连特种作业的培训都没参加过……

游客们一上车就提心吊胆。好不容易熬到了终点，谁知就在开门的一刹那，随着阵阵"咔咔"作响的声音，缆车突然自由落体般地向山下滑去。

1米、2米、3米……不一会儿，缆车就下滑了30多米。

半个月前还是个清洁工的缆车操作员，只记得一点踩刹车的动作，谁知一脚踩下去，不灵！顿时，他吓得面如土色，一时不知所措。

眼看着疯了一般的缆车，飞速向茫茫深渊坠落。危急时刻，小游客的父母合力将他高高地举过头顶；另一名游客也用自己的身体，紧紧地护住了两个素不相识的孩子。3个小孩最后平安获救，但3位大人却被摔得粉身碎骨。

鲜血染红了长长的山路，14个鲜活的生命消逝了，22位幸存者也留下了永恒的伤痛。

此时此刻，深情的马岭河在呜咽，愤怒的穿山风在狂吼！

布满沉痛的峡谷间，一阵阵严正的警告声在不停地回荡：谁把安全当儿戏，谁就会成为千古罪人！

此情此景，深深地触动了某著名歌唱家，她专门为小男孩的故事创作了歌曲《天亮了》，一经演唱便催人泪下——

看到太阳出来

天亮了

我看到爸爸妈妈就这么走远

留下我在这陌生的人世间

……

惨祸跳"龙门"

饱经沧桑的黄浦江，以其生生不息的一江春水，珍藏着一代又一代上海人的喜怒哀乐。

至今让它记忆犹新的痛苦往事，就有一起龙门吊车倾塌造成的特大事故……

2001年7月17日上午8时许，上海沪东中华造船厂集团公司船坞一片繁忙，两台总起重能力达1200吨的龙门吊车，正在调运一块重达900吨的分段船体。

来自上海某大学的一位教授、三名博士后和博士，还有众多的精兵良将，按照分工忙碌在各自的岗位上。

谁曾想到，巨大的灾难正向他们悄悄袭来……

就在前一天，当龙门吊上升至47.6米高度时，主梁上的小车与刚性支体内侧的缆风绳相碰，阻碍了主梁的上升道路。

怎么办？

当时天色已晚，现场有关负责人下令：17日上午放松缆风绳！

晨曦初露。第二天一大早，操作人员就按照指令放松内侧两根缆风绳。放着放着，突然间支腿没了依靠，一时失去了平衡，不断向外侧倾斜。

情况万分危急！在场所有人的心几乎都提到了嗓子眼。然而，还没等大家回过神来，重达3000吨的庞然大物突然坠落，紧接着高达77米的支腿也轰然倒下。惊天动地的轰鸣声，响彻四面八方。

一片混乱之中，现场竟无人统一指挥，很多人根本来不及撤退。

就这样，事故无情地夺走了36条宝贵的生命，惨剧熄灭了一批高层次人才的希望之光，横祸毁灭了价值8000多万元的国家财产。

这是我国造船史上迄今为止最为严重的一起事故！

然而，更为严重的不仅仅是看得见的人员和财产损失，还有看不见的无知和愚昧！不仅仅是表层次的马虎与应付的惯性，还有深层次的无视规则的任性！

"吞人"的钢水包

"炉火照天地，红星乱紫烟。"唐代大诗人李白笔下的著名诗句，让人不禁联想起现代炼钢厂的壮观景象：熊熊燃烧的炉火，迸发出绚丽多彩的钢花，成千上万颗小星星跳跃着射向远方……

正常炼钢厂的景象，就应该如此迷人。

然而，谁也没有想到，2007年阳春三月那个令人揪心的日子，在辽宁铁岭的一处炼钢车间，飞溅的钢花编织的并非迷人的美景，而是一幕罕见的人间惨剧。

那一天清晨，忠诚的时钟准确地将指针指向8点。此时，正是铁岭市清河特殊钢公司炼钢车间交接班的时间。负责白班的31名工人都在车间一角的小房子里参加交接工作会议。

此刻，谁也没有意识到，头顶上的巨大危险正偷袭而来：一个锈蚀的部件忽然断开，导致关键设施失灵，起重机主钩开始非正常下降……

真是"屋漏偏逢连阴雨"！由于电气系统设计缺陷，制动器无法紧急制动，眼看着钢水包失控急速下坠，撞击浇注台后落地倾覆。

近50吨的钢水，带着1500℃的高温倾覆地面，汹涌地冲击一切阻挡，迅速包围了那座安全生产话音还未落地的小房子。31个血肉之躯一下子被钢水吞噬了。

事故现场惨不忍睹：拥有钢筋铁骨的设备全被烧成了钢渣；小房子连同遇难者的遗体，完全凝固在了一块巨大的钢饼当中。8个多小时后，余怒未消的钢水，依然释放着救援人员靠近不了的高温。

具有讽刺意味的是，唯有那块脱落钢水包右侧的标语牌毫发无损。"安全生产，警钟长鸣"8个大字，此刻显得多么的苍白无力！

痛心疾首的相关责任人，再也找不到蔑视安全的后悔药了——

悔不该把交接班的小房子，违章设置在了钢水包的"射程"之内；悔不该为了省钱，用安全可靠性低的起重机滥竽充数，带病吊装钢水包；悔不该仅把安全生产说在嘴上，挂在墙上，关键时刻没有落实到实际行动上；悔不该在起重机检验过程中玩忽职守，违规出具合格证……

然而，再多的后悔，都已经无济于事了！

但愿此次事故中，戴在被判刑人员手腕上的那副锃亮的手铐，能够牢牢地"铐"住玩忽职守的顽疾，"铐"住无视安全生产的恶习，"铐"住利欲熏心的丑态！

愤怒的冲击波

湖北省当阳市，这里曾经是远近闻名的三国古战场，一直流传着"赵子龙大战长坂坡，张飞喝断当阳桥"的传奇故事。

这些古老的故事脍炙人口，而发生在2016年盛夏的那个现代"故事"，却让无数人心里一阵阵地发痛……

8月11日下午2时49分，随着"轰"的一声闷响，当阳市马店矸石发电有限公司热电联产项目突发事故：高压蒸汽带着530℃的高温，突然从断开的主蒸汽管道喷涌而出，巨大的冲击波以排山倒海之势，闪电般地冲倒了墙体，冲垮了隔断玻璃，冲毁了正在作业的集中控制室，22名当班工人瞬间失去了生命。

骤然消逝的42岁汽轮机操作工李丽，上班前与丈夫约定，下班后为刚刚考上大学的女儿设宴庆祝。谁知，如今女儿永远也听不到妈妈的祝贺了，她痛不欲生……

18岁的花季少女怎么也想不明白，这场本来就可以避免的事故，为什么最后还是惨烈地发生了？

她恨那些麻木不仁的领导，她恨那个引起事故的不合格喷嘴……

就是这个喷嘴的生产者，用4000元贿赂了采购负责人，致使劣质产品堂而皇之地安装在了高温压力管道上；就是这个小小的喷嘴，让利欲熏心的供应商以次充好，伪造合格证，人为地将管道本体断开，在喷嘴两端与管道断口增加了两圈异种钢焊缝进行焊接，焊缝最薄处有效厚度仅为1毫米至2毫米，远远低于规范要求的21.2毫米。且焊接接头还存在未焊透、未熔合的情况，其有效承载能力远远不能满足高压主蒸汽管道的强度要求。

就是这个不合格的劣质产品，就是这些带有严重缺陷的焊缝，在高温、高压作用下不断扩展，焊缝裂开面积不断加大，剩余焊缝无法承受工作压力而断裂爆开。

更令人心痛的是，生产企业矸石发电有限公司有关领导的麻木不仁和熟视无睹：

8月10日零点左右，当班员工巡检时发现相关区域和设备漏水、漏气，当即进行了报告，但没有得到有效回应。

8月11日9点左右，有人发现事故喷嘴附近出现泄漏声且温度比平时高；11点左右，有人发现事故喷嘴附近保温层外表温度高达360℃；12点32分，有人在微信群发出警示："泄漏点温度上升""漏点声音变大，保温棉已被吹开"；12点51分，有人发出事故喷嘴附近的照片报警；12点51分，有人将险情发到公司另一个领导所在的微信群……

此时，只需有领导发出指令，5分钟左右就可以实现减压停炉，避免事故发生。

但是，没人这样做！直至下午2时49分事故发生，华强化工集团和矸石发电有限公司均无任何负责人发出停炉的指令。

人们不禁要问，面对明显的安全漏洞，有关部门为何视而不见？为何以事故喷嘴未列入特种设备目录为由，机械地执行标准，对事故喷嘴不检不验，导致监管严重缺失？

人们不禁要问，接到一次次关于隐患苗头的报告，有关负责人为何不及时采取有效措施？面对人命关天的事故隐患，有关负责人为何如此冷漠？

这样的人当领导，企业安全早晚会出事，必出事，出大事！

一起起惊人的事故，一次次惨痛的教训，发出了一声声焦虑的呼唤——它呼唤，全社会安全意识的真正觉醒，企业主体责任的完全落地；它呼唤，长效机制的切实到位，社会共治的不断深化……

这是时代的呼唤！这是人民的期待！

特写一方平安

2003年岁末，湛蓝的天幕映衬着位于北京市马甸桥西北角的双子座大楼。明媚的阳光为它高擎质量与安全的粗壮手臂，镀上了一层灿烂的金辉。

伴随着几只喜鹊欢快的叫声，一条令人欣喜的信息飞进了国家质量监督检验检疫总局的这处办公大楼："锅炉压力容器安全监察局"，正式更名为"特种设备安全监察局"了！

删繁就简，不单是几个字的减少。这个名字，承载了多少特种设备人的希望和梦想！

从此，我国锅炉、电梯、起重机械等设备，有了一个统一规范而又相对科学的名字，有望以崭新的形象展示在世人面前。

从此，我国特种设备有了一个"高大上"的专业"监护人"，将从根本上结束监管工作"九龙治水"的局面。

潮起潮落

一个普通而又别致的名称背后，曾经有过多少起伏跌宕的坎坎坷坷！

就是这个部门名称，曾经创造出惊人的纪录：职业安全健康和锅炉压力容器安全监察局，多达18个字！以致雕刻公章时，手艺高超的师傅也皱起了眉头，显得有些为难。最后，只好将公章的文字，刻了满满两大圈。

这位师傅的杰作，一度成为中央国家机关历史上最特别的公章之一！

这个机构，前前后后经历了多少潮起潮落、酸甜苦辣……

"大鹏一日同风起。"1955年，国营天津第一棉纺厂发生罕见的锅炉爆炸事故。这一炸，却"炸"出了一个新机构：国家锅炉检查总局。从此，锅炉、起重机械等设备，有了"娘家"。此后，锅炉事故发生率也显著下降。

谁曾想到，1958年，刚刚捂热"被子"的国家锅炉检查总局，却被无情地撤销了。尽管业务并入了其他部门，但却变成一个弱不禁风的小小处室，终日感到心有余而力不足。短短3年时间，安全状况一落千丈，出现了锅炉爆炸事故626起。

血淋淋的教训让人警醒！1963年5月，乘着轻柔的春风，锅炉压力容器安全监察局开始张开新的翅膀，顽固的闯祸锅炉不得不示弱了。

可惜好景不长，史无前例的"文化大革命"来临了，一些地方的锅炉压力容器安全监察工作只好"刀枪入库，马放南山"，安全监察工作基本"停摆"。全国锅炉压力容器事故一时间此起彼伏，每万台设备爆炸数一度达到7.9台。

老一辈监管人的良心在滴血！老百姓的双眼在期盼！

1978年，一个个拨乱反正的故事，竞相响彻布满伤痕的神州大地。

迎着新的气象，锅炉压力容器安全监察机构的牌子又重新出现在中华人民共和国劳动部。安全监察的新步伐，开始迈向法治化、规范化的轨道。

风雨彩虹

不经风雨，岂能见彩虹！

终于，特种设备的春天来临了。改革开放的大潮，为久旱逢甘霖的特种设备行业，提供了源源不断的动力；新时代的春风，为忠于职守的特种设备人，描绘了春意盎然的新蓝图。

撸起袖子加油干！大江南北的特种设备人，吹响了改革探索的新号角。

扑下身子抓落实！长城内外的同行者，迈开了铿锵有力的新步伐。

挑灯夜战，为了依法治"特"绞尽脑汁；问计于民，为了服务大众倾情投入；沉下一线，为了长效机制解剖"麻雀"；迎难而上，为了技术支撑奋勇攻关……

功夫不负有心人！

于是，具有里程碑意义的《特种设备安全监察条例》、特种设备安全法出台了，一系列配套举措跟进了。

于是，"智慧监管"等创新举措落地了，质量安全的主体责任在企业播种了。

于是，风险防控隐患治理、双预防长效机制见效了，监察、检验机构与社会组织"三驾马车"的新型治理格局形成了。

于是，填补国内外空白的科技成果丰收了，从跟跑世界标准到并跑再到领跑的势头更好了。

于是，服务经济社会发展与百姓生活的脚步更实了，富有特色的质量与安全文化萌芽了。

……

坚持不懈的特立笃行，"立"下了我国特种设备大树的常青之根，"行"出了具有中国特色的特种设备安全之路。

面对来之不易的初步成效，没有人沾沾自喜于一得之功，也没有人自我陶醉于一时之胜。

中国特种设备人永不满足的目光，已经投向了更加宏伟的新目标——灿烂辉煌的"中国梦"。

"春芽"破土

在一次次的不懈奋斗中，在一场场的生死考验中，在一份份的合格答卷中，特设文化的"春芽"破土而出——

"四特"精神孕育了！

"三把"理念养成了！

"两为"情怀升华了！

特种设备人的"四特"精神，无不让人感慨：特别能吃苦，特别能战斗，特别能忍耐，特别能奉献。

特种设备人的"三把"理念，无不让人赞叹：把责任刻在心里，把使命扛在肩上，把困难踩在脚下。

特种设备人的"两为"情怀，无不让人动容：为经济特保一方平安，为百姓特供十分便利。

精神境界、行为理念、家国情怀，交相辉映出了中国特种设备人独有的新色调，协力滋养出了中国特种设备人独特的价值观。

凭着这种价值观的潜移默化，我国特设队伍不断发展壮大。党的十八大以来，全国特种设备安全监察人员，从1.2万人一举增加到了11.2万余人；系统内持证检验人员，从1.6万人增加到了2.8万人。

凭着这种价值观的春风化雨，我国特种设备安全建设不断跃上新台阶。党的十八大以来，全国特种设备数量增长了2.2倍，但事故起数和死亡人数却分别下降51.7%、66%。万台特种设备事故死亡率，也从2012年的0.52降至2021年的0.08。我国特种设备安全状况，已经达到世界中等发达国家的水平。

特种设备安全建设之硕果，正在装点特别的风景线，正在造福更多的老百姓。

且看今日之中国，特种风采扑面来！

01/
好戏唱响大舞台

题记： 从重大活动到重大工程，特种设备从未缺席。虽然没有聚光灯下的主角光环，但在属于它的那方特别舞台之上，始终保持着最佳状态。

看到窗外忽然飘起了小雨，坐镇现场指挥的北京市市场监督管理局党组成员、副局长李亮华心里不禁暗叫一声："不好！"

按照原计划，参加会议的各国元首和政要，需要出大楼通过室外道路转场下一场活动。

千思万想，千计万算，孰料，会议进行到关键节点时，天公不作美，下起了雨。

这就意味着，原先的行进路线将发生改变，各国元首和政要需要通过连接回廊转场，参加下一场重要活动。也就是说，连廊处两部原本不计划使用的扶梯将要被启用。

原本已经撤岗的应急人员又重新到岗，李亮华一路小跑赶到了扶梯现场。

两部扶梯，一上一下，如此多的国家元首和政要，需要在短时间内通过这个唯一的"交通"工具转场，如稍有不慎出现任何事故，后果不堪设想。

千钧一发之际，拥有多年特种设备工作经验和重大活动保障经历的李亮华当机立断：上行的扶梯改为下行，两部扶梯同时"上岗"，确保各国元首和政要安全有序通过。

说时迟那时快，现场作完重大决定之后，应急值守的相关人员开始争分夺秒。他们必须和时间赛跑，赶在各国元首和政要到达前，完成电梯上行改下行的工作。

说起来容易做起来并不容易。现场人员必须拿着钥匙，亲自手动操作才能完成电梯的改运行……无论是中控室的中央领导，还是值班室的北京市领导，无论是现场的指挥，还是应急人员，那一刻几乎都屏住了呼吸，在心里默默倒计时。

时间到！李亮华和他的同事们不仅及时完成了电梯改运行的工作，还抢出时间完成了安全测试，最终确保每一位国家元首和政要安全、有序、愉快地乘坐扶梯。

这惊险的一幕，发生在2019年北京举办的第二届"一带一路"国际合作高峰论坛上。

这一幕，正是特种设备保障重大活动的真实写照。

竞争激烈的国际赛事，隆重热烈的国际会议，关乎国计民生的重大工程，日新月异的各类企业……见证了特种设备有力保障的能量。

在阴暗的地下室，在茫茫荒原，在惊险刺激的游乐场，在井然有序的生产线上，特种设备人以特别的情怀、特别的技能，为经济社会发展描绘了一幅幅特别的画卷。

众心拱"五环"

同一个世界，同一个梦想。

在万众欢呼声中，由火焰组成的巨大脚印，沿着北京中轴线，穿过天安门广场，直奔鸟巢而来。

2008年，无与伦比的北京第29届夏季奥运会，完美展示了古老中国的现代威仪。

特设卫士用责任浇灌安全之花，为2008年北京奥运会的成功举办增色添彩。

无与伦比的，还有 14 年后在北京举办的冬奥会。

立春日，鸟巢夜。

漫天雪花，飘飘洒洒。每一朵雪花，都在讲述一个冰雪故事。

冰面如镜，映照大千。世界的目光，投向这晶莹剔透的舞台。

这是中国与世界的冰雪之约。当奥林匹克之火再度照亮北京的夜空，照亮人们的心头，一段关于拼搏与梦想、团结与和平的故事将从这里起笔。

2022 年 2 月 4 日，第 24 届冬季奥林匹克运动会开幕式盛大开启。奋斗成就"双奥之城"，时光见证笃行足迹。2000 多个日夜砥砺前行，北京携手张家口，书写着"绿色、共享、开放、廉洁"的时代华章。

为了冬奥会的成功举办，特种设备人熬过了多少不眠之夜！奉献出了多少热情和力量！

小事不小视

身在现场，北京市朝阳区特检所的九五后年轻人王宇奇，却无法欣赏北京冬奥会开幕式的华彩乐章，他必须守护好自己的"宝贝"——开幕式现场的电梯。

二十四节气倒计时，书写了开幕式的极致浪漫。而王宇奇的思绪，似乎也在现场热烈的氛围中，被拉回到参与冬奥会保障工作的日日夜夜……

20 部电梯，每天绕场巡检一圈，至少需要 2 个小时。自从进驻鸟巢之后，王宇奇每天都要走几万步，而在不停的行走中，他眼中鸟巢里的电梯发生着变化。

每部电梯都有自己的职责，每台电梯也都有需要注意的地方。有时需要第一时间联系维保人员进行维护保养,有时需要及时协调进行安全测试。他心里非常清楚,任何一部电梯在奥运会开幕时出现任何微小的运行故障,都是一个重大的安全事故。

本着绿色、节约的原则,北京冬奥会更加简洁、廉洁和开放,但是也给王宇奇出了一个不大不小的"难题"——鸟巢的电梯,尤其是开幕式时服务于政要的贵宾梯没有配备专职"司机"。

为此,李亮华亲自协调,最终从北京饭店商调了4名服务人员来当电梯临时"司机"。当看到4名"司机"进入鸟巢电梯时,王宇奇心里高兴坏了。可还没等高兴多久,他就发现4名"司机"全是新手,只好紧急召集人员现场教学培训。

15次彩排,冬奥会和冬残奥会两次开幕式、两次闭幕式,王宇奇都和战友们一直在现场值守。尤其是彩排的时候,下午3点才开始进场,他们步行3至4公里才能进入鸟巢。散场的时候都是凌晨,冬天刺骨的寒风穿透了身上的羽绒服,但是他们没有怨言,而是为能亲身见证如此神圣的时刻而自豪。

北京冬奥会开幕式惊艳了世界,也展示出了一个更加开放、自信的中国。当现场遇到小状况时,王宇奇和他的同伴们同样用自信战胜了困难。

冬奥会开幕前,临时加送一台消毒设备的任务落到了现场电梯身上。别看只是一台消毒设备,在重大活动现场,这可是特种设备安全的"紧急事件"。经过多方协调,设备最终安全运达。

无独有偶。同样是在现场的重要时刻,下午5点突然发生了一部电梯的门无法关上的状况。虽然演练时没有发生类似状况,但是现场工作人员紧急排查，发现原来是运送货物时不小心掉落了一颗小钉子在电梯里，结果钉子卡在门栏里，导致电梯门无法闭合。

一个小钉子引发的"事故"顺利排除的背后，离不开"科技冬奥"的助力。北京市特检院信息室主任邱志梅从2007年开始，就和小伙伴们一起参与"科技奥运"的项目，其中一个项目成果是电梯抗电磁干扰技术，可以对电梯在不开门、不关门的情况下进行技术"诊断"和"干预"。

相较于2008年北京奥运会时技术运用相对简单，北京冬奥会上这项技术的应用更加成熟。他们克服无法在鸟巢现场进行测试的困难，结合技术前期在上海世博会、杭州G20峰会、青岛金砖五国会议上的应用成果，针对冬奥会时特种设备特殊的使用环境，对技术进行了升级，从而发挥了重要作用。

另一项超声波检测技术，同样在北京冬奥会上大放异彩。国家雪车雪橇中心采用氨制冷，对制冷设备的要求非常高，尤其是在防泄漏方面，所有焊缝必须百分之百合格。

运用超声波检测技术，北京市特检院副院长赵勇和他的同事们就很好地完成了对氨制冷设备的质量检测和安全把关，不仅及时发现了问题，还实现了技术上的突破。

不同于2008年北京奥运会时的"配角"，特种设备在2022年北京冬奥会时已经是当之无愧的"主角"——它们不仅参与冬奥村等非赛事场地的"交通"，还直接参与冬奥会的不少赛事。

索道就是北京冬奥会赛事必备的特种设备之一。北京市特检院副院长王小轮发现，北京冬残奥会赛场的一条索道抱索器开始是采用铸铁，结果使用时很容易出现划痕，他就建议采用合金抱索器，避免了产生划痕的可能，保证了运行安全。

冬奥会特种设备无小事，无论是一个小钉子，一个抱索器，还是电梯的运行，都是如此。北京市海淀区特检所所长王小鹏对此深有体会。

首都体育馆是北京冬奥会冰上项目比赛的重要场馆，尤其是备受观众喜爱的花样滑冰比赛就是在这个场馆进行的。"冰上芭蕾"的精彩让人击节叫好，但特种设备的保障同样至关重要。

2021年12月28日，已经多次来过首都体育馆的王小鹏再次带队进行例行安全检查，结果发现场馆封闭划分区域时，一部电梯无法实施救援。他们立刻向场馆提出重新划分隔离区，从而避免了安全意外的发生。

雪如意　人如意

2022年3月13日下午2点30分，随着北京2022年冬残奥会残奥越野滑雪混合接力4×2.5公里、公开接力4×2.5公里两项比赛的结束，河北省特种设备监督检验研究院（以下简称河北省特检院）业务部副部长赵玮一直悬着的心终于放下来了。

河北省特检院副院长陈建中更是激动不已，因为这是北京2022年冬残奥会张家口赛区的最后两场比赛。比赛的顺利结束，意味着在2022年冬奥会和冬残奥会期间，张家口崇礼赛区比赛场馆及相关配套设施特种设备安全运行，实现零故障、零投诉。

国家跳台滑雪中心"雪如意"作为冬奥会的"明星场馆"之一，已经被大家熟知。但大家不知道的是，"雪如意"是冬奥会张家口赛区工程量大、技术难度高的竞赛场馆。为该项目专门设计的两台变角度斜行电梯，是世界上最长的大载重变角度斜行电梯，也是我国首个变角度斜行电梯项目。

河北省张家口市市场监管局在前期检查时发现，该斜行电梯震动过大。面对"疑难杂症"，专家"会诊"必不可少，河北省特检院第一时间成立了攻坚专班，技术人员多次召开研讨会，先后到京张高铁八达岭长城站、保定野三坡景区实地考察斜行电梯，赴斜行电梯设计制造厂学习交流，提前对检验要点与难点反复分析推敲，细致科学地制定检验方案，最终历时8个多月，在规定时间内顺利高效完成了监督检验任务。

陈建中在冬奥会测试赛及冬（残）奥会期间，更是先后6次带队前往张家口赛区，进行特种设备保障性检验及安全巡查工作。冬残奥会期间，他顶风冒雪奔赴在一线，因环境恶劣，工作过程中意外摔伤，医生诊断为膝关节韧带撕裂，建议卧床休息。但为了不影响工作，他依然坚守在索道实验室指挥中心。

"这近千个日日夜夜，我每天吃饭走路甚至睡觉都在想着冬奥保障的事情，现在终于可以睡个踏实觉了。"谈到冬奥保障这个肩头的重任，获得服务冬奥会、冬残奥会河北省先进个人的河北省特检院张家口分院院长梅兆池禁不住发出感叹。

"新"火"祥"传

"段志祥氢火炬检测团队领奖！"

一场疫情下的特殊颁奖仪式，在中国特种设备检测研究院（以下简称中国特检院）门前举行。氢能室主任段志祥隔着大门栏杆，郑重地从冬奥组委会官员手中接过10枚特制的奖章和一封热情洋溢的感谢信。

2021年8月26日，段志祥领衔的冬奥氢能火炬检测团队成立。立项报告上明确了与型式试验相关的众多检测项目和标准。管理方明令，氢能火炬传递代表着中华儿女的情怀，由于时间紧迫、任务特别，应确保火炬质量安全，稳定好用。

想不到"催检"成为此次任务的一场遭遇战。9月6日，开始检测的指令突然下达：3天内完成5支火炬、2个阀门的检测，为马上开展的燃烧试验作准备。段志祥立即接洽厂方，主动把火炬"宝贝"迎回检测实验室。

设计独特、结构精美的火炬一摆上检测台，便引来一片"啧啧"称赞：红色螺纹外观，形体美观流畅。下方的气瓶，容积仅有约300毫升，矿泉水瓶大小，样子乖巧却承载着每平方厘米400多公斤的巨大压力。

好看的背后，却是不好干的苦活：气体阀门设计在顺手处，由于经常开关，必须有超强的密闭性，不能造成丝毫泄漏；同时还要在奔跑、颠簸的状态下，也能操作灵活，安全可靠。

检测时间只有3天，而阀门的耐压试验多达13项，需要在京津两地带着装备反复进行测试分析、比对，提供第三方公正准确的数据。

尽管难上加难，但段志祥团队不畏难、不叫苦，凭着过硬的作风和技术，硬是把按正常流程完不成的任务，在极短时间内圆满完成。

用冬奥火炬精神给自己加把劲，成为检测实验室里的热词。2021年12月下旬的一个傍晚，在检测实验室忙碌一天刚回到家里的段志祥，突然接到冬奥组委会的一个电话，称将要在东北某地举办冬奥圣火传递活动。由于活动规模大，必须"带真火"，可是找不到氢源，大家心急如焚。

"火炬传递的是奥运精神，这事必须办好。"段志祥知道，火炬在运输中必须瓶、阀分离，到达目的地组合后方可使用。若是没有合格氢源，检验将无从实施。段志祥一边吃着馒头，一边焦急地给朋友打电话。42岁的他患有高血压，连打3个电话都没有结果后，一时急得头上汗珠直冒。妻子发现他脸颊通红，赶紧拿来降压药片。

朋友托朋友，联系到晚上11点，终于证实在长春一汽有高纯度的涉氢实验室。段志祥迅速把消息报告给活动主办方。

3个多月的连续奋战，完成1000多支火炬的型式试验和公正检验，他们以科技冬奥的优秀成果，让燃烧着奥运精神的火炬，一棒又一棒地安全接力奔跑，最后融入开幕式上晶莹浪漫的大雪花中。

"氨"然无恙

"嗖嗖嗖……"2022年2月20日，冬奥会雪车雪橇赛道"雪游龙"上，一辆辆白、红、蓝4人雪车，风驰电掣般从陈昇博士眼前飞过。

车轮碾压赛道的"咚咚"声和360度回旋弯道的惊险刺激，让这位年轻的科技人员产生无限快意。他抬起双臂，不仅为体育健儿的勇敢争锋呐喊，也为自己团队"氨泄漏检测防控系统"的现场成功应用击节叫好。

耸立云端的"雪游龙"，赛道全长1975米，垂直落差121米。整个赛道用氨制冷，不仅有毒，还易爆炸。因此，研发光学声学动态监控氨泄漏预警系统，成为特种设备人在科技冬奥中的一项急迫而重大的任务。

2020年初，中国特检院压力容器部陈昇博士领衔出征。在线检测、风险评估、诊断预警像3条大坝一样横亘在面前，他们迎难而上：零下40℃的低温试验，环境杂光排除，噪声消弭，带着"一步不能走错，一天不能耽搁"的责任，他们紧紧聚焦设备的精确性、稳定性，集中攻关实时风险三维展示的技术难题。

近一年时间里，他们常常熬夜加班，小病小灾不休息。数十次改进设备恒温和旋转云台控制算法，打牢稳定性基础；精心搭建三维模型，开发实时风险评估算法，实现风险三维可视化……他们每走一步都是那么的稳重。

"雪游龙"的出发端，是监控氨泄漏预警的核心点，可是一句"影响美观，撤掉"的拍板，让这群热血青年瞬间掉入"冰窖"。"竞赛安全与出彩是我们共同的责任啊！"经反复与管理方交涉，对方提出了极为苛刻的条件："再缩小设备尺寸，要安装在现场观众和摄像镜头照不见的地方。"

倒逼改进的"刁难"条件，反而给陈昇增添了将设备继续微型化的动力。他们连夜开始攻关，3天时间拿出了品质更高的出发端。

在现场应用适配过程中，陈昇把它当成"开戏"的高潮来唱。他们24小时轮流坚守，全力满足"雪游龙"现场各种运维需求，攻克了氨泄漏监测新技术难关，最终达到"高可靠性、零故障"，填补了氨泄漏监控的空白，让"雪游龙"飞出了国内领先、世界一流的高水平！

厚"检"薄发入苍穹

2022年11月27日晚，长征二号丁运载火箭托举着遥感三十六号卫星，在西昌卫星发射中心成功发射！

2022年11月29日，神舟十五号载人飞船用长征F运载火箭，在酒泉卫星发射中心发射成功！

望着火箭腾空，祥云飞渡，参与发射相关设备检测的工程师们，心里别提有多高兴。

啃轨的震撼

"诸位请看，啃轨产生的震动，对勤务塔平稳运送火箭造成了严重隐患。"白阳两手推着矿泉水瓶，模拟火箭勤务塔从桌子的一端轻轻往另一端移动："我们的任务，就是解决啃轨问题！"

2021年4月1日，在西昌卫星发射中心的一间小会议室里，中国特检院检验室主任白阳，与9位检验工程师一起讨论着检测方案。

位于祖国西南部的西昌卫星发射基地，气温已经提前跨入40℃的门槛。骄阳下，头戴安全帽的检验人员，站在高耸入云、浑身钢铁大侠气派的勤务塔旁，尽管汗如雨下，却激情澎湃。

勤务塔重达数千吨，别看是个庞然大物，它可是轮子众多、举着火箭"上岗"的最后一棒"火炬手"。作为此次检验协调员的军代表幽默风趣："它常年不知疲倦地沿着这几条轨道来回奔波，铁轮和轨道难免咬嘴。为了保证火箭发射万无一失，请你们这支国字号的队伍来给它体检。"大家心里明白，"五一"节后将恢复发射，检验从一开始就必须抢时间。

依情施策，神速果断。4月6日，白阳汇聚24名博士和高工等检测人员火速抵达一线，及时成立了测轨、测车轮、测塔架、拍视频

4个工作组。一场与时间赛跑，排查隐患的战斗正式打响。

西昌早晚温差大，低压缺氧。早上7点，当大家肩扛仪器从住地出发时，大太阳还是毫不客气地给这群多数来自北方的汉子逞起了威风。徒步5公里，闷热与高原反应难耐，人人都大口喘起了粗气。中午烈日当空，个个汗流浃背。工程师们有的趴在滚烫的铁轨上，有的两腿架在高空的钢梁上，一刻不停地忘我工作。口干舌燥，常常一口气喝下一瓶矿泉水才能解渴。

百米高的勤务塔，此时仿佛成了最温顺的巨人。它上面分布着1200多个螺栓，它们是否紧固、生锈、脱落，必须逐个检查。小伙子们找来长长的梯子，身绑安全带，手握小钢锤，置身百米高空，叮叮当当敲击测试。然后对每个点位周围的40个螺栓，一个个地仔细检验力矩，记录分析，发现有隐患的立即更换。执勤战士问白阳："为什么还在用这么笨的方法检验？"白阳笑着告诉他："对这种非标设备，目前世界上最管用、最靠谱的办法还是这一种。"

午饭时分，偌大的勤务塔工作场区，身着黄、橙、灰各色工作服的各路人员手端盒饭，蹲在马路牙上或者塔架的阴影处埋头吃饭，每个人的脸都黑黝黝的。大家身姿各异，偶有言笑，吃得有滋有味。很难分清他们是盖楼施工的，还是铺路清障的。只有收集餐盒的师傅能辨认清楚：那些戴眼镜的，全是登塔的专家。于是有人打趣地总结道："硕士博士统统都是战士！"

测准数据，纠正偏差，治好啃轨，是整个任务的核心。他们依据技术规程，经过精心计算，在均为110米长的4条铁轨上设置了140个检测点，每个点需要测试4遍，两天复测一次，早中晚分开标定。由于时间紧任务重，每天要干到晚上10点多，有时甚至到深夜12点才能收工。连在一旁执勤的军犬都经常熬不住，累得趴在地上呼呼大睡。

专业的素质，严谨的作风，追求卓越的态度和超高效率，令指挥部领导对这支精兵劲旅大加赞赏，主动找来颜色发黄、数十年前的部分场地技术资料，供他们在检测中参考使用。

像得到"宝策"一样，负责轨道测试的冯金奎博士查阅后，立即从中捕捉到一个新情况：土地沉降！再对照自己的数据模型，发现这正是两个点位数据总与相邻点位不匹配的原因。为了验证自己的分析判断，他睡意全无，背起检验设备就往检测点奔去。

山区夜凉如水，刚入而立之年的冯博士心里却热乎乎的。他趴在冰凉的土地上，顺着"焦点"前后拓展检测20米，终于解开了心里的疑团，也为下一步场站进行年度维护提供了科学依据。

收起仪器设备，兴奋的冯博士发现已近黎明。他快步登上山坡，仰头看见在城里很难见到的美丽天幕：银河如练，星汉灿烂。密匝匝的星斗又亮又大，流星划过天际，炫目而浪漫。这不就是李白诗句中"大鹏一日同风起，扶摇直上九万里"的意境吗？面对此景，他顿时感到一身痛快。

诗情画意中，劳累的年轻博士心中哪还有"辛苦"二字！难关逐个攻克，场站施工队及时跟进作业，按照新的检验检测结果，或填补，或校准，把硬骨头一块块啃下。

"综合自检"是特检工作尾声阶段的一道严格程序。140个点位全部检查合格，轮轨运行顺利，塔架的系统测试报告条分缕析，不仅解决了258个螺栓紧固问题，还依照特种设备相关标准，制定出了日常维护使用的合规指南。经过全环节、全流程、高标准的检测诊治，完全满足了发射中心的所有要求。

4月21日，停了数日的勤务塔焕然一新，整装待发。在验收现场，它以受检者的身份，按照指令稳健行进，博得众位专家和官兵的连声称赞。

魔术头罩的"魔力"

6月8日，中国特检院7名电梯检验人员在冯云高工的带领下，火速赶往酒泉卫星发射中心，利用非发射窗口期，检验检测防爆电梯等特种设备。

越是庄严的使命，越是知重负重。

进入塔架检测施工阶段，节奏加快，12名检验工程师前来驰援。烈日下，为了防止阳光灼伤，他们从30公里外的商店买来20元一个的"魔术头罩"，将状似养蜂人用的面罩，套在头上后挥汗大干。夜晚，月光皎洁，工程指挥部把照明灯架设在高杆上，亮如白昼。作业场面严谨有序，工作人员爬到高处检验每组梁架，一连数日都忙到深夜12点才收工。

茫茫戈壁，苍凉荒漠。昼夜干燥酷热，沙尘暴随时刮起，饭碗里难挡飞沙，每天洗澡成为难题，晒黑脱皮人人有份。大家住的是工作场地附近的民宿，两个人一间仅10平方米的房间，除了两张床，连转身都困难。"三点一线"已经成为每天的模式，想买瓶防晒霜，只能通过几天一登门的快递员代劳。至于偶尔想放松一下看场电影，或去浴池洗浴，那是根本不可能的，因为附近没有这些设施。

高强度的工作与生活物资的匮乏，使每个人的体重都明显下降。

困难和考验犹如磨刀石，不但没有成为检验工作者的拦路虎，反而砥砺了团队勇攀高峰的斗志。

酒泉卫星发射中心的两座火箭发射塔架，里面各有一台防爆电梯，因其重要从不示人，被称为"神梯"，是此次检验检测的主要对象。

在火箭准备升空时，常规电梯停止使用。英雄的宇航员就是乘坐防爆电梯，由地面到达飞船的舱内，继而向太空进军。

火箭发射架是一个半开放的结构，大漠戈壁温差大，风沙猛，气候干燥，零部件的老化损耗比室内严重很多。检验过程中，冯云从电梯控制系统开始，逐根电线、逐个零件进行测试，对照防爆分析得出的技术要求，对周围环境再次确认排查，不漏过任何一个可能引起火花，或者能量超标的环节。

冯云还通过电梯震动分析和尺寸测量，发现电梯井道上部导轨工作面相对最大偏差超过1.2毫米，导轨顶面偏差超过2毫米等非常细节的问题，并立即与维保单位采取措施校准。

发射场房里安装有多部起重设备，同样是检验的重点。

高级工程师吴振华一进入场地，就被电视剧《功勋》的原景震撼了。这个建于20世纪50年代的起重设备尽管有些土气落后，但其神韵犹在。吴工入场之后从没松懈过，高达60米的起重机一天要检9台，每台要上下20多趟。他反复进行性能验证和安全测试，为火箭吊装运行"绑紧"了一根看不见的安全带。

三千里路"云"和"梯"

"快停车！"在蜿蜒崎岖山道上疾驰的两厢轿车，突然从车底传来"嘎嘎"巨响，车体也随之抖动。坐在副驾驶座位上的冯云，腰一下子从座位上躬起来。车立即停下，驾驶员冯金奎钻入车底查看，吓了一跳：底盘护板掉了！

修车的当儿，山间又呼呼刮起了大风。两人拿工具、找配件，修理好车，互换位置，重新赶路。

1500多公里，早上8点从酒泉卫星发射基地出发，途中穿过青海省，一路既有戈壁沙滩，又有泥泞的草地，凌晨3点才到达位于新疆巴音郭楞蒙古自治州的目的地：卫星返回着陆场附近的雷达探测站。

简单休整后，他们就一鼓作气地开始了检测。在电梯间，他俩逐一检验检测导轨、底坑等系列工况指标。当打开线路板时，发现"超速及防坠落保护安全装置"已经超过有效期，马上让电梯维保公司送来新品换上，及时排除了隐患。一处处检测，一处处标记，同时又一处处跟相关技术人员讲解注意事项。等忙到中午写完建议书，已经筋疲力尽的两位工程师婉言谢绝雷达站工作午餐邀请，到街头吃了份烧饼羊肉面，又急匆匆地踏上了返回甘肃酒泉的路程。

往返3000多公里，平时5天的工作量，他们两天多便干妥。"虽然很辛苦，但是觉得很值！"两位冯工程师疲惫的脸庞上露出了灿烂的笑容。

护航生命线

横贯东西，联通南北。油气管网从漫漫沙漠中走来，跨过崇山峻岭，越过长江黄河，一路高歌向东。

长输油气管道是国家能源输送的主动脉和生命线，对发展安全、能源安全、公共安全具有战略意义。在四通八达的管网和场站上，特设卫士风餐露宿，尽职尽责地维护着祖国的能源生命线。

踏平坎坷成大道

"小谢，我挺不住了。你拿着仪器，快上大路……"刚刚放下检测仪器的杨绪运，突然"扑通"一声，倒在密不透风的玉米地里，大口大口地呕吐起来。

2006年8月23日，临近中午，烈日炎炎似火烧，知了在山野间疯叫。到中国特检院管道部上班才两个月的研究生杨绪运，在延安安塞沿河湾镇检测输油管道时中暑。几名同事听见呼叫声，一溜烟跑来，将27岁的小杨架到车上，送往当地医院治疗。

杨绪运盯着病房白色的天花板，一组组检验数据飞快地从眼前掠过，蒙太奇一样的思绪飞快切换：现在检的靖咸线长达423公里，是国家重要能源工程；还有一处管道埋深才20厘米，不知道作了处理没有？他越想越觉得不放心。挨过夜晚，第二天一大早，小杨就告别医生，重新出现在管道检测线上。

沿途山峦起伏，检测经过地近乎荒无人烟。早上6点和大部队一起吃饭时，小杨便将中午的馒头、水和菜打包带上。进入检测地段后，他背着近30斤重的检测评价装备，爬陡坡，下深沟，将埋地管道的管体破损、内腐蚀、杂电流和第三方损伤等问题逐一记录储存。在跟随管道测试时，杨绪运和检测装备一起爬山下河，形影不离。有的地段陡坡长度有170多米，他照样手持检测仪器跟踪透视，观察信号对管道"健康"状况的评价。为了抓牢树根，攀上崖壁，手掌经常被毒刺扎得鲜血直流。每天约7公里的检测距离，他按照要求往返走3遍。有时实在累了，数据也不稳，杨绪运就跟管道开玩笑："伙计，我们来一次不容易，你可要乖乖地配合啊！"一句话，把正在读研究生的助手小谢逗得哈哈大笑。

晚上8点收工，回到镇上一家门脸窄小、名字夸张的南泥湾大酒店，杨绪运每天饭后在床铺上整理完当天的检测数据，写好笔记，然后习惯性地做一道功课：把自己挂在床头的"管道为业，四海为家，艰苦为荣，野战为乐"16个字的管道部训词默默念上一遍，然后快乐地进入梦乡。

第一次出差就长达123天，杨绪运出发时是大夏天，回到北京已是初冬。中国石油大学同班同学、当时还是他女朋友的小郑开玩笑说："你是到路途遥远的南半球去了吧！"

握紧"金刚钻"

"骆驼黄沙壮阔，管线场站静卧，风唱弯月如钩，检测听闻壮歌。"2019年8月中旬的一天。青年工程师吴庆伟刚刚把这首源自检测生活的赞美诗发给远在大连的妻子，就接到指令：率领检测小组，在完成宁夏的工作任务后，火速前往湖南，对国家石油天然气管网集团岳阳南分输站进行非开挖式检验。

这位2014年毕业于辽宁工程大学的研究生，由于善于学习钻研，加上多年检验经验的积累，已是业内能征善战、独当一面的猛将。

从黄沙漫漫，到碧水涟涟，干热的"沙漠风"转眼间变成了"江南蒸"。为了提高效率，避开高温作业，他们4人早上5点半就投入紧张有序的工作中，在认真研读审阅场站现场资料后，吴庆伟依据国家标准现场勘察，区分重点，分类实施。

当4位青年工程师来到埋地管道出站区位置时，低频高频导波检测仪信号异常。他们当即决定：开挖实测。工程队将大坑挖到1.8米深，大家惊奇地发现，管体中部出现了一个比拳头还大的凹坑。本来直挺的管道，由于中间变形，像一个受伤的弯腰老人。

是什么原因造成的？查周围，没有硬石顶碰，也没有施工机械冲撞误压。外壁漏磁检测、超声导波检测等技术手段逐一用上，一时也难以判定症结所在。

晚上，小吴召开"诸葛亮"会，很快形成解决方案：剥开管道上的防护层深入检测。在没有专业工具的情况下，吴庆伟土法上马，去市场上买回4把木工刨刀，自己顶着39℃的高温，跳入一人深的大坑中，拿着刨刀，一点一点地将带着沥青黏性的聚丙烯冷缠带，从管道外层剥离下来。

坑内渗水很快，20分钟就淹到腰部。狭小的空间里，闷热更使人觉得空气稀薄。他一米八四的个子，在受限空间内蹲着施工作业，累得气喘吁吁，浑身被汗水泥水湿透，别人想替换，他根本不让。积水深了，他就上来休息一会儿，抽水机把水抽完了，又继续下去检测，如此爬上爬下，连午饭都没有吃。经过两个小时的紧张作业，团队现场检测分析评估，终于找出了焊缝损伤等关键问题。

"金刚钻碰上瓷器活"，本来7天才能完成的任务，他们只用2天就快速准确地解决了问题，使企业和居民用上了安全放心的天然气。

"管道猪"漂流记

从柳州到桂林，听着都很美。

可是进行两地间成品油管道安全检测时留下的每个足迹，却都在崇山峻岭之中。"痛并快乐着"的身影，已融入色彩浪漫的山水之间。

2017年8月31日早上7点，在"清峰环野而立，曲水抱城而流"的柳州成品油管道首站，管道智能检测仪"管道猪"在中国特检院孟涛博士和高工康小伟的操作下，钻入汩汩流淌的柴油管道，睁大"三只眼"，欢快地开启检测金属损失腐蚀和焊接异常的长途之旅。

应中国石化集团公司（以下简称中石化）的要求，内检测必须在管道输送柴油的3天窗口期开展。面对距离超长、检验时间久、敷设路由环境复杂和检测窗口期紧张的难点，项目团队优化人员装备配置，仔细核定设备的可靠性，对工艺技术各个环节逐项筛查，排除潜在风险。

传感器信号的准确调试，是擦亮"管道猪"眼睛的关键环节。3个传感器成了它头上的3只眼。在作业走动时，全景实时记录并传输管道中环向、轴向、径向的安全状况。有一次，遇上一组信号有问题，项目团队全员上阵，归零梳理，将整个探头通道仔细检查一遍，终于在火柴盒大小的传感器封装组件上，清理掉肉眼难以发现的问题，确保"管道猪"在油管中前进时身手敏捷，明察秋毫。

检测器运行跟踪监听，需要脑力体力皆优。8名工程师分成4个小组，用4辆车交替向前跟踪"管道猪"的工作状况。从柳州到桂林一口气检测到底。他们穿行在崎岖的管道线上，每一公里设立一个标定点，全程确定173个。"管道猪"点与点运行时间约为19分钟。如果发现其中一段数据异常、缺失、卡顿，他们丝毫不马虎，必须从上一个标定点再来一次。

艰苦为荣、野战为乐的"管道精神"，激励着大家迎难而上。白天火炉一样的天气，让大家恰似汗水洗澡；夜晚，风吹鸟啼，小伙子们利用休息时间记录数据的变化。暂时被换下的小组抓紧时间休息，饿了吃口方便面，困了就在面包车上休息一会儿。

9月1日早上，孟涛肩上搭着毛巾，正准备到河边洗脸，突然听到管道中数据异常的情况报告。这个身高一米七五的山东汉子，抓着毛巾飞快跑到检测位置。他和大家一起监听分析，核对数据，及时捕捉到了隐患所在。

三天两夜的风雨兼程，62个小时的侧耳倾听，尽职尽责的"管道猪"终于顺利抵达桂林末站，乖乖进入收球筒。整条管道漏磁检测数据完整有效。经过数据分析，第一时间向管道运营方提供了多处隐患点位和数据，以及处理修复的结果，获得了对方的高度称赞。

雪中送炭与锦上添花

怎么办？

一个难题突然摆在安徽芜湖市特检中心员工面前。

2019年1月3日下午，芜湖市气温骤降，雪花漫天飞舞。突如其来的强降雪给交通出行带来了极大不便。

正当大家在办公室安静地出检测报告时，一阵急促的电话铃声打破了平静："你好，是特检承压一室吗？我是镜湖区的浴室老板，前两天浴室锅炉安全阀送过来校验了，现在校验好了吗？"

正在值班的韦忠祥答道："您好，稍等，我来查一下。""您的安全阀已经校验好了，可以随时过来取阀和报告了。"

"我年纪大了，下雪过去也困难，你们能帮忙想想办法吗？没有安全阀锅炉就没法营运啊，我这边特别着急。"

"大爷，您别着急，我们来想想有没有解决办法。"

怎么办？

最安全的办法就是徒步送过去。但在这冰天雪地每行走一步都困难，更何况要携带两个十几斤重的安全阀，行走三四公里。

意外的是一位又一位员工自告奋勇站起来，争着要去送安全阀。最后，韦忠祥和同事徐灏争取到了机会，他俩每人带着一个安全阀冒雪"出征"了。

雪深路滑，每走一小段，他们就要停下来喘口气然后继续前进。就这样，走走停停，跌跌撞撞近2小时才到达浴室门口。

看到两人满身的雪花，浴室里面一下子出来十来个老大爷，其中一个便是老板，他激动地说："小伙子，你们真是好样的！"

类似这样为企业排忧解难的故事，就是三天三夜也说不完。

企业不分大小，时间不分昼夜，天气不分晴雨，特种设备人都会把企业的事放在心上，既雪中送炭，又锦上添花，随时随地提供高质量的服务。

汗洒三峡大坝

夏日暴烈的阳光，以特有的方式对三峡工程播撒着激情。坝顶门式起重机，在轻微的震动中缓缓启动，泄洪坝段选择的深孔、表孔、排漂孔渐次打开，顿时巨龙吐息，银练排空，震耳欲聋的狂涛和阳光下飞舞的彩虹，展示出目前世界第一大水利工程气壮山河的宏伟景象。

自2003年至今，每年夏季基于防汛和发电需求，坝顶门式起重机都要投入这些使用频次最高、危险性最大的作业。

"三峡工程几乎浑身上下都是特种设备，保障'国之重器'长期安全稳定运行，是宜昌特检人的神圣职责。"湖北特检院宜昌分院院长徐罗军，总是不厌其烦地给工程师们提出严格要求。

2017年5月25日汛期开始，到8月结束，为确保三峡大坝汛期特种设备安全，宜昌特检分院抽调精兵强将组成专班，陆续对该电站的门式起重机和其他40余台特种设备，进行3个月的定期检验。

"那时室外温度达到40℃，手摸着发烫的起重机，我们从未想到苦累和退缩，而是对每组零件、每一套传动装置，都按照规程步步精细检测。"机电室高级工程师洪峻松回忆起当时的情景，依然充满激情。

现场检验完成后，他们对检验过程中发现的问题，及时出具检验工作意见书，与生产单位认真沟通，告知亟待改正的问题，为三峡工程防洪、发电功能的有效发挥，提供有力的保障。

2006年仲春，三峡工程右岸电站地下厂房开工建设。宜昌特检分院接受委托，对新安装的铝母线和发电机组钢结构件进行无损检测。

检验项目负责人黄罗飞认真钻研验收标准，同施工人员一起探讨大厚度钢板焊接的难点，围绕容易产生缺陷的性质，制定检验检测工艺，从而极大地提高了检测的准确性。

在施工中，检测需要及时介入，黄罗飞为了推进工作进度，做到了随叫随到。就连春节期间接到检验任务，他也顾不上和亲人吃顿团圆饭，带着同事立即赶往施工现场。连续奋战两个昼夜，及时完成了一台发电机组下机架的检测任务。

此项无损检测工作历时两年，周到的服务和精湛的技术，在项目验收时获得一致好评。宜昌特检分院也因此获得长江三峡集团颁发的"质量安全先进单位"奖牌。

小船坐电梯，大船走楼梯，是三峡大坝各类船只过坝时的特色景观。三峡大坝的升船机是行业的"王中王"。升船机位于大坝左岸，主要作用是作为船闸的补充，给客船提供快速过坝通道。该升船机规模为3000吨级，最大提升高度113米，采用全平衡齿轮爬升型式，是目前世界上规模最大、技术最复杂、施工条件最难的升船机。宜昌特检分院机电室3位专家，组成监检工作专班，对升船机的承船厢结构、驱动机构、塔柱配重系统等重要结构件和安全保护系统，进行了严格的检验，及时纠正了安装中存在的问题。同时，对升船机后续的使用管理进行研讨，帮助企业建立行之有效的安全运行机制。

心连心 情最真

"我有经验，让我来！"冷文深没有丝毫犹豫，动作熟练地钻进了锅筒。大家刚爬上一台40多米高、180吨的电站锅炉，呼吸还没有平复，他已经争分夺秒地开展检验了。

2022年国庆节后，河南省锅检院新乡分院（以下简称新乡锅检分院）检验辖区内的大型企业——河南心连心化学工业集团股份有限公司停车报检10天，共报检了57台容器、82条管道和1台180吨电站锅炉，且大部分设备容积大、参数高。

时间紧，任务重，人员紧缺。为了在企业停车的有限时间内检完设备，确保企业按时开工，15年前在部队曾是集团军篮球队员的冷文深，这次也直接当上服务企业的"中锋"，亲自组织并参与检验。

榜样的力量是无穷的。工程师杜涛见此情景，一颗浮躁的心也稳了下来。一星期前，一家三口准备利用调休外出旅游，13岁的女儿念叨了几年，想去北京看天安门、爬香山、游故宫，但单位有了任务，需要业务骨干，他当即放弃了旅游的打算，投入到现场检验中。

经过7天的加班加点，在16名检验工程师的共同努力下，保质保量地完成了任务。

2013年7月中旬，心连心集团四分厂的乙醇洗涤塔，在安装施工期间，因电焊焊渣掉落，导致保温层失火。这台洗涤塔高80多米，造价2000多万元，仅安装费就300多万元。该洗涤塔是当时心连心集团四分厂生产线上最重要的一台设备。如果洗涤塔因失火报废，不仅会造成较大经济损失，还会使整条生产线停滞、扩产计划推迟。如果重新订制一台洗涤塔，生产周期一年半，在增加经济投入的同时，甚至可能导致企业破产。

心连心集团领导心急如焚，遂求助新乡锅检分院，院领导当即决定由检验专家韦湣深对失火后的洗涤塔进行检验。

8月2日，老韦头顶烈日，选择几个受火最严重的部位，非常细致地打磨、抛光、腐蚀、照相。从早上8点到下午5点，汗水湿透了衣服，架着金相仪的胳膊麻木了，眼睛酸疼，他休息片刻再接着干。经过认真详细查看，他判定材质没有问题，洗涤塔可以继续使用。

企业负责人不敢相信自己的耳朵，再三询问，在得到韦湝深肯定的答复后，眼泪不禁夺眶而出……

2010年6月上旬的一天，新乡锅检分院高级工程师孟庆乐在对心连心集团二分公司的硫化床电站锅炉进行内部检测时，在一处发现面式减温器进水管与套管间连接角焊缝出现开裂，在另一处发现进水管与套管间角焊缝有补焊现象。老孟根据经验判断，这些补焊部位都曾经发生过开裂、渗漏现象。

心连心集团新乡公司有电站锅炉20余台，因为减温器原因导致的被迫停炉多达40余次，经老孟检出减温器方面的问题缺陷就达21处。

孟工和相关技术人员成立联合科技攻关小组，通过5年的不懈努力，彻底解决了因减温器损坏造成锅炉被迫停炉的问题，给企业节约了大量维修资金，同时也为设备的安全运行提供了坚实有力的保障。

近10年来，新乡锅检分院为心连心集团共检验承压类设备6000余台，发现各种事故隐患200余起，节约维修资金7000余万元。

"炼丹炉"炼出真功夫

5万立方米的常压储罐，高30米，直径58米，周长182米，占地面积接近半个足球场，日常储存石脑油，检验工期紧张，仅有7天。

南京市锅炉压力容器检验研究院油气储运装备技术服务中心主任于永亮，看着眼前的庞然大物，只是简单地说了一声"开干"，便率先钻进了罐中。

进入储罐，眼前一片漆黑，6名检验员和辅助人员打开手电，分散进入各自的工作区域，巨大黑暗空间里有了零星的光点。尽管经过处理，但石脑油特殊的气味仍然穿过了防毒面具，十分"提神醒脑"。加上南京5月的天气，密不透风的罐内十分闷热，温度接近40℃，也让石脑油的味道更加浓烈。

"于工，因为工期太紧，有部分区域还没打磨完，就辛苦你们忍一下了。"储罐使用单位的相关负责人深感歉意。于永亮点点头，那边打磨的声音响起，尘烟在黑暗的空间里渐渐弥漫开。"真的像太上老君的炼丹炉啊。"黑暗中不知哪位检验人员冒出一句，把大伙逗乐了。于永亮坚毅地打气道："这正好练就咱们的'火眼金睛'呐。"

5万立方米的常压储罐算得上是同类里的大家伙，因此参与这次检验任务的人员都是富有经验的精兵良将，干起活来有条不紊。宏观检查小组先上，刘玉琢拿着手电仔细查看罐体是否有腐蚀、变形，安全附件是否有损坏，觉得可疑就凑近敲两下，用尺子量一量，做上记号，拍下照片，做好记录。2600多平方米的区域，底板、顶板、罐板，他都仔细看过，作为先遣队，他要给后续的工作打个底。"不要小瞧我这肉眼凡胎，照样能捉到住在罐壁里的'妖怪'。"刘玉琢自信满满地说道。

壁厚检测、漏磁检测、焊缝检测组随后跟上。这边李西涛一边操作仪器一边注意脚下，"8.75，8.65，8.70……"陆宇在旁认真记录，两人配合默契，罐内的闷热让他们每一个动作都伴随着汗水的滴落。另一边底板漏磁检测开始，刘玉琢、童亚龙分工配合，一人操作重40公斤、高1.2米的漏磁设备，一人负责照明和指挥检测路线，储罐底板139块板材都要仔仔细细、一一扫过。"推不动了。"刘玉琢说了一句，将防护眼镜摘下，飞快地抹去里面的汗水和蒸汽。利用这空档，童亚龙像爱惜自己眼睛一样，清理漏磁设备上吸附的铁屑。

这块区域的打磨工作刚刚结束，地上的铁屑残留会吸附在漏磁设备上，时不时就要刷一下，不然他们的"火眼金睛"就难以工作。随着仪器推进，他们渐渐来到储罐的中心位置，这里只有1.5米高，童亚龙和刘玉琢只能长时间弯着腰检测，腰疼得受不了，还得留心，因为下意识一抬身，头就会撞上顶板。

"你们那好了，我们就过来了。"董剑飞喊了一嗓子，得到肯定的回答后，他和李西涛一起挪真空箱。他俩是焊缝真空检漏组，需要抬着真空箱放下压实，弯腰仔细观察，再起身抬起真空箱挪到下一个地方重复这个过程，一米一米地检测储罐底板焊缝泄漏情况。除了必要的休息时间，他们每天6个多小时都要重复这样的动作。等来到罐体中间低矮的区域，李西涛终于忍不住往地上一躺："腰太疼了，让我压一压它。"董剑飞知道他腰椎不好，劝他出去休息一下。李西涛摇摇头："一会就好，休息长一点进来还得适应，不如一鼓作气把这块区域检测完。"

现场的一群汉子中，身高一米七、穿着工作服、戴着防毒面具、防护眼镜和安全帽的何丽，完全看不出是个姑娘。她主要负责对储罐基础沉降和几何变形情况进行检测，在体感温度接近40℃的罐内，一次测绘就是1个小时，60多个点位坐标被她一一锁定。等出了罐子，她从头到脚就像从水里捞出来一样，取下的安全帽可以倒出水，但她并不在乎。作为检验现场唯一的女检验员，她已经十分习惯了，显得云淡风轻："做个女汉子挺好的啊，说明自立又自强。现场除了上洗手间、换衣服不太方便外，其他并没有什么。"

在对储罐浮舱进行检验时，于永亮从罐顶仔细查看浮舱的情况，手电筒一点点照过去，忽然发现一个浮舱有异样。"里面有液体，会不会是介质渗透？"这可不是小问题，如果发生了介质渗透，浮舱可能会发生"沉船"或倾覆，造成严重后果。他立刻联系了使用单位，并喊来最有经验的童亚龙和刘玉琢前往验证。

浮舱内空间只有0.8米高，人在里面只能坐着或者躺着，连蹲都蹲不起来，这给检测带来了很大挑战。童亚龙和刘玉琢拿着真空箱钻进了浮舱，于永亮在外面守着。

时间一分一秒地过去，终于，他们发现了一个直径仅有3毫米的砂眼。做好标记后，两人从浮舱里出来，支撑不住齐刷刷瘫倒在地上，摘掉呼吸面具大口喘气，脸上印着一圈红色的检测试剂。"这下可腌入味了，家里两个娃好几天都不肯让我抱了。"童亚龙忍不住开起了玩笑，周围的人都大声笑了起来。

歌声"打动"眼镜蛇

"在长长的管道线上，都是我们的好战场。提仪器，搞测量，挖坑壕，填土忙……"27岁的青年工程师肖勇挥着大砍刀，心情愉悦地为管道检测开辟着通道，高一声、低一声的自编小曲正唱得快活。突然他被"钉"在原地：蛇！一条约3米长的眼镜蛇，静静盘踞在输气管道线上。他的动静使毒蛇受到惊吓，"唰"的一声，怒立一米多高。身高一米六五的肖勇见此情景，头皮一炸，不由自主地拦着记录员、标识员后退。

他即刻喊来当地的引导员，一番清场助威后，在毒蛇盘踞之地接着进行检测工作。

岁月的时针回拨到2006年8月31日。海南在最酷热难当的季节，迎来了14名特种设备检验工程师，他们平均年龄32岁，个个技艺精湛，作风过硬。按照项目书要求，这支在业内享有盛誉的团队，将采用国际先进理念和先进标准以及国内重点科技攻关成果，对在海南已经运行3年、长达272公里的输气管道，进行一次全面检测评价，以消除隐患，确保运行安全。

从海南东方起步、一路北上的输气管道，沿途经过5座工艺站、13座线路截断阀室，在长达272公里的路线上，遍布原始森林、甘蔗林、沼泽地与河道。沿途荆棘杂草丛生，毒蛇毒蜘蛛常见，检测环境十分复杂恶劣。

顶着炎炎烈日，孟涛博士和同事们每天穿上厚厚的工作服、工作鞋，分成4个小组在管道线上交替检测作业。12日上午10时许，穿越临高县境内的一片甘蔗林，肖勇手提1.5公斤重的检测仪，弯着腰沿着管道线用头向前拱开枝叶，当抵达田头时，检测数据顿时异常。大家赶紧复核，精确定位，现场会诊，决定开挖查验。结果令人倒吸一口凉气：5米长、2米宽的深坑内，裸露的管道疑似被挖掘机挖伤，导致1.5米长的管体严重变形，焊缝在外力冲击下也出现裂纹。

被损伤的两根共20米长的管道需要马上更换。团队成员与施工方齐心合力，按照检规要求精心把关。尽管汗水把衣服湿透，尽管脸部和脖子被甘蔗划伤无比疼痛，但没有一人怯懦叫苦。

海南是绿色宝岛，但在荒郊野外的检测现场，却到处充满"超级浪漫"的险情。2007年5月4日，检验检测团队循着管道进入一片原始森林，一会儿大雨倾盆，一会儿又烈日炙烤。时近正午，管道通过大片沼泽区，4米多高的稠密杂草，令检测工程师在3米之外只能听见声音，却见不到人。肖勇率先拿起砍刀在前边开路，突然，后边检测的队员发现一顶帽子漂浮在水面，意识到肖勇已经掉进水潭，赶紧喊人用树枝把他拉了上来。下午的检测同样"刺激"，当大家攀爬一道陡峭的山岗时，周围有蜱虫大量出现，迎风摇曳的灌木丛上有只巴掌大的花斑毒蜘蛛……面对种种险情，大家没有停下前进的脚步。

2007年11月初，他们在检测作业中发现一处管道防腐层出现破损、管道受冲击变形等严重隐患。由于管道埋地较深，工程队员在开挖至5米时，管体才完全裸露。此时，孟涛在现场指挥调度，青年工程师刘剑在下方检验检测。他们按照检验规程，将此坑继续下挖半米，让管道彻底腾空。刘剑艰难地钻入管道下方，进行全方位观察检测。

"管道底部一切正常！"听到刘剑报告，孟涛没有回应，而是眼睛始终盯着坑体斜坡，他觉得大坑"放坡"不够。"刘剑快上来！危险！"听到主任的喊声，小刘抓起设备，一个鹞子翻身就蹿了上来。半分钟后，3米多宽、10米长的坑体"轰隆"一声塌了半边。刘剑情急中只顾保护仪器，手机滑落被埋进坑底。大家都说万幸，并安慰他："明年你再来，新手机就长出来了！"刘工程师咧嘴笑着，现场气氛立马缓和下来。

就是凭着这种一往无前的精神，272公里管道、15项检验检测任务圆满完成。

五指山深深地记住了他们的勇敢！

万泉河动情地为他们唱起了赞歌！

鱼山岛上"凭鱼跃"

沙滩、蓝天、木屋、绿植……享有"东海明珠"之誉的鱼山岛，从2017年开始再添新彩——投资2000亿元、世界上最大单体石油炼化一体化项目，在层层叠叠海浪的"欢呼"声中启动。

该项目拥有成套大型石化装置110套，其中有数千公里的压力管道，上万台压力容器。浙江省特科院先后抽调40名技术骨干，组成浙江石化公司鱼山项目服务保障组，以过硬的技术、超强的责任心，保障项目顺利投产和安全运行。

"我刚到岛上做检验时，条件非常艰苦，干了一天工作，精疲力尽归来，钻进集装箱改成的住房里，发现床单上有不少老鼠屎，抖一抖翻个面继续睡。没有人发牢骚，因为我们是为打漂亮仗而上岛的。"若干年后，浙江省特科院办公室主任王黎明，回忆起当初奋战鱼山岛的情景，仍然历历在目，感慨万千。

"能吃苦，我们还能创大业。"身为浙江省特科院浙石化项目保障组组长的程茂，忆起往昔，像打开长长的画轴一样，眼前顿时浮现出那一段激情燃烧的岁月。

"别以为现场监检只是走走看看，要挑准毛病得下笨功夫，可不比检查焊缝轻松！"这句话时常挂在浙江省特科院产品检验所副所长黄国根嘴上。

老黄对工作极其认真细致。施工现场管网密布，有的管道之间，猫着腰才能勉强通过，更不要说个头一米九的他。项目现场纷繁复杂，不仅要当心高空坠物，还要防止脚下踩空。穿过层层管道走廊，来到厂区主干道，打开手机，显示小半天他已经走了一万多步。

检测质量争第一，永远是老黄的工作追求。与常规压力容器不同，球冠庞大的体积使承压试验过程更长，程序更复杂，检查焊缝渗漏，黄国根和助手要爬上20多米高的脚手架。绕行好几圈，尤其是容易发生渗漏的接管角焊缝和法兰密封面，更是检查的重点。为保障球罐安装基础的稳定性、基础沉降的均匀性，在对每台球罐水压冲水放水过程中，黄国根严格按照规程要求，要反复进行多达6个周期共48个小时的沉降测量。

毛病挑得准，源于功夫下到家。下午1点，黄国根照例带着厚厚一摞射线底片，去检测公司"审片"，为下午的现场水压试验做准备。每次试验之前，他都带头做到对设计文件、工艺文件、焊接记录、检测情况等资料进行全面细致的审查，并与施工方的技术员、质检员沟通交流。暗室里，他趴在观片灯前认真审查每一张射线底片，不放过任何一处微小的瑕疵。下午两点半，地表温度已达45℃，水压试验现场监测开始。强烈阳光之下，球罐内外繁重细致的作业内容，紧紧牵着老黄的心，那一招一式专注的神态，使他已经进入追求卓越的境界当中。

自进驻鱼山岛以来，黄国根带领同事不仅有效解决了大量检测工艺问题，还解决了焊接技术和试验难题，向施工方反馈的各类问题有5000多个，形成的文字材料有数百万字，记录下的表卡有好几千份。

许辉庭，一个壮实敏捷的理工男，身为浙江省特科院产品监检所副所长，负责浙石化项目监检技术难题的攻关和科研工作。

浆态床渣油加氢装置是浙石化项目中的关键装备。高温高压厚壁的临氢管道，又是该装置的核心部件。其管道现场稳定化热处理技术，是国内从未涉及过的领域。许辉庭和同事们把自己封闭起来一个多月，不分昼夜地查资料、测数据、做试验。在与浙江省特科院科研所、国家材料中心等联合攻关时，老许由于极度疲劳，患了重感冒，但他坚持工作，深入企业做试验，积累数据做模型，终于成功破解了管道现场热处理的"密码"。

记得首件热处理设备试用的那天上午，许辉庭带领项目组成员准时到达渣油加氢装置现场。在大型反应器框架下面，老许确定首先对热处理设备、仪器进行最后的检查，然后顺着一条直梯爬到框架中部，在半空中开始对焊缝来来回回地检测。豆大的汗珠从额头落下，他却腾不出手去擦拭一把。

晚饭后，岛上暑气渐消，忙碌了一天的鱼山岛迎来了一天最惬意、最轻松的时刻。许辉庭打开手机，和3岁的儿子视频对话。此时此刻的他，满眼都是幸福。

02/
热线热了众人心

题记： 96333，这串数字有着不同寻常的意义：惊慌失措时让你放心，突发故障时帮你定心，身处困境时给你安心，寻求帮助时令你暖心……

"叮铃铃"，"叮铃铃"……

急促的电话铃声，一次次地打破接线室短暂的平静。电话那头，传来了焦虑而又紧张的声音——

"我被困在电梯里了，好害怕呀！"

"电梯抖得厉害，怎么办啊？"

"电梯门不停地开关，咋回事？"

……

电话这头，一句句亲切而又专业的话语，飞进了对方的耳鼓："您好！请您别紧张。""您放心，我们马上到现场。"……

承诺掷地有声！行动立竿见影！

一次次险情及时解除了，一个个故障很快排除了。

这个负责而又温暖的热线电话，就是96333电梯应急处置服务平台。

它2010年开通以来，已覆盖全国200个城市的300多万台在用电梯，共处置电梯故障212万多起，解救被困人员62万多人。

令人惊叹的是，至今没有发生一起救援失败的事件，至今没有发生因救援不当产生次生人身伤亡事件。

2021年，全国96333电话呼叫应急处置系统，静悄悄地发生了跨越式变化：由传统人工报警系统，向智能报警方式转变。

老百姓惊喜地感受到了前所未有的方便：坐电梯如遇险情，在轿厢紧急报警装置无人响应时，智能呼叫终端会直接发送信息至电梯使用维保单位及当地应急处置平台，并且实现了自动应答、自助派单。

电梯应急救援服务，从此插上了"智慧"的翅膀。

真情意暖心

2010年10月，在风景秀丽的西子湖畔，全国首家电梯应急救援服务平台——杭州电梯应急救援平台，在时代和老百姓的呼唤声中成立了。

"第一个"平台，流淌着的是真情实意，展现出的是一流服务。

破涕为笑

2021年2月一个夜晚，萧山区文华艺佳城小区内，"哐当"一声，电梯随着一阵异常震动，突然停滞在21楼的半空中。

"快来，快点……"伴随着孩子们此起彼伏的哭声，电梯内一位年轻的妈妈语无伦次地打来求救电话。

"您别慌，我们马上到！"接警员潘华芳稳定着对方情绪。

只顾着急的那位母亲似乎没有听到回话，还是不停地喊着"快来"。经反复追问后，对方终于报出了电梯编码。

潘华芳一边接听电话，一边运指如飞地在键盘上敲击。通话间的工夫，困人电梯位置、设备型号等信息，已通过"电梯安全通"平台共享到救援站。同时，救援指令发出。

一连串处理，潘华芳仅用了短短两分钟。

离故障电梯最近的救援人员疾驰上路，不一会，电梯故障排除，孩子们一个个破涕为笑。

潘华芳的服务本领，全是一点一滴积累起来的。

几年前，刚入职96333的潘华芳，并不知道接警员这个岗位究竟要干啥。经过两个月的岗前培训，已熟记工作流程的她，第一次接警仍手忙脚乱，光是确定被困人员位置就足足花了4分钟。现在的她，对抓住报警电话中的信息要点，精准实施救援早已轻车熟路。常见电梯故障、故障产生原因、相关法律法规要求等这些"冷门"的咨询问题，她也是烂熟于心。

如果没有不分昼夜的苦心钻研，她就无法掌握接警员所需要的不寻常本领。

如果没有日复一日的骑车在大街小巷里穿行，将街巷、小区、住宅楼、重点场所存入大脑的"数据库"，她就无法跑出救援的"加速度"。

如果没有甘当"出气筒"的格局，她就承受不起对每一个报警电话的责任。

将心比心

对接警员而言，每天面对各种各样的紧急情况，无疑是最"硬核"的考验。

在她们心中，唯有将心比心、以心换心，才能从根本上经得起任何考验。

2022年7月的一天，一位外地来杭投奔子女的老人被困在余杭区一台电梯内。

"下公交车步行几分钟后右拐再右拐……"困在电梯的老人，反复用极难懂的方言尽力描述她所处的位置。

"您在哪条街，路上看到过什么东西？""喂？喂？"正当接警的李瑜燕还想继续询问时，电话就挂断了。再拨打过去，电话已无法接通。中心的姑娘们一头雾水，面面相觑。

"年迈的老人独自困在电梯里，又辨别不了自己的位置，多危险啊！"李瑜燕越想越心焦。

"阿姨，请尽快拨打110报警电话确认您的位置，我们即刻和110联动救援。"经过不懈努力，李瑜燕终于拨通了电话。

1个小时后，当李瑜燕再次拨打对方电话时，老人已在回家的路上。听声音，心情似乎放松了很多。

不论是温情的安抚，还是智能精准的定位，再到特殊时期的特殊救援，都是工作人员真心付出的结果。

每一次救援速度的提升，每一起事故的应急处置，都体现了特种设备应急救援的"杭州加速度"。

责任感保驾

2000年冬，寒风侵袭中的古城西安雪上加霜，新冠疫情带来了令人刺骨的"奇冷"。

顶着狮子般狂吼的北风，一位心急如火的姑娘骑着自行车，一步一步艰难地向前挪动着……足足骑了两个多小时，她才赶到了那个一分一秒都不敢怠慢的地方——西安96333监控中心。

作为西北地区首家开通的电梯救援平台，运行8年来，它以热心周到的服务，将96333靠得住的形象，深深地印在了市民心目中。

长吁一口气

仲夏时节，一年一度的高考如期举行。莘莘学子带着对未来的憧憬，奔波在前往考场的路上。

谁知就在此时——2022年6月8日下午1时56分，西安一家快捷酒店突发意外，几名考生和家长被困在电梯里。

一时间，学生们急得满脸通红，家长们急得满头大汗，打给96333的求救电话，连声音都是颤抖的："快……快……孩子要参加高考，快救我们出去啊！"

当时的接线员，是年轻的"老革命"冯婷。她用亲切柔和的声音说出每天几乎都重复数十遍的话语："请您别慌，告诉我地址。"

急如热锅上蚂蚁的家长，脑子倒还清醒，准确地作出了回答。

监控中心立即启动救援程序。大约10分钟后，被困人员成功救出，考生和家长长吁了一口气。

救援人员接着排除故障，电梯很快恢复了正常运行。

高效率、高质量的救援，包含着西安96333监控中心工作人员不同寻常的努力。

中心建立之初，为了电梯数据的准确，姑娘们几乎走遍西安所有区县。在一次次收集、一遍遍核对、一条条录入中，更新了5万余台电梯数据，并在每一部电梯的轿厢内，贴上了相当于电梯身份证、含有唯一识别码的96333救援标志。

回到单位，轮流睡觉，醒了就接线，除了学习还是学习，姑娘们很快掌握了接警要领，练就了一身硬功夫。

西安96333监控中心不仅以人作支撑，更让机制作保障。每逢中考、高考等重要节点或极端天气，在救援服务中都要启动应急机制，提前部署维保人员在重要乘梯点或就近处待命，热线24小时畅通。如遇突发情况，快速响应，保障百姓上上下下的安全。

一个电话就是一个使命的开始。完成这个使命需要经验，更需要强烈的责任感。

"与百姓的生命安全联系在一起，我们没理由懈怠。"这是西安96333监控中心姑娘们的心声。

笑容比烟花还灿烂

遇到再难、再烦、再受委屈的救援，姑娘们从来都是倾情投入，毫无怨言。

有一次，处理一个救援电话，面对对方的吼叫和谩骂，大家一开始感到很委屈，有人还忍不住掉泪了……

那天恰好是大年三十，放弃和家人吃年夜饭的接线员小冯，警惕地守护在电话机旁。

突然，熟悉的铃声响起，但传出的声音却是那样的蛮横："你们是干什么吃的，再不来老子就闷死了！"叫骂声一句接着一句。

"您息怒！对不起！请稍等一会，我们马上安排救援。"亲切而又专业的用语，耐心而又热情的态度，暂时稳住了对方的情绪。

过了没多久，被困人员救出。面对一张张笑脸，骂人者为自己的不当行为感到惭愧。

晚上10点，小冯手机的另一端，传来儿子稚嫩的声音："妈妈，等您明天回来，我们再好好陪您吃顿年夜饭。"听着听着，她脸上的笑容比烟花还灿烂。

而今，让小冯欣喜的是，上幼儿园的儿子在她的影响下，已成为学校里的"电梯安全小专家"。他会自豪地跟小朋友们分享电梯安全知识，提醒大家用手去挡电梯门是危险的，要用电梯内的按键开关电梯门。

"小专家"儿子与"大专家"妈妈携手同行，留下了一串特别的安全足迹……

"码上"解决问题

随着老旧电梯的增加，维修咨询、投诉抱怨等五花八门的电话，让接警的姑娘们应接不暇。有时，面对咨询，她们得倾其所有"墨水"；有时，面对求助，她们还要充当心理咨询师的角色。

中心定期请专业老师进行专业指导和心理辅导。通过心理辅导培训，大家的抗压能力越来越强了。她们学会了用平和、安抚、温暖、重视的语气进行沟通。即使有一肚子委屈，但是一接听电话，依然能保持热情的态度说出亲切的话语。

扎实的功底，让她们在接听报警电话后，能够准确判定、快速传递信息，实现了救援人员到达现场平均用时不超过14分钟，远快于国家要求的30分钟。

2019年，96333监控中心接警系统与西安市市场监管局监管平台数据成功对接，实现了"一盘棋"的联动功能，推动了平台服务内容和形式的创新。

升级后的"西安96333"微信公众号，服务功能更全了，更便民了。居民在手机上就能查看电梯信息并显示报修进度，实现电梯信息"码上"看到，电梯问题"码上"解决。

"又快又贴心，太感谢你们了！"救援成功后的回访电话中，被救人员除了赞扬还是赞扬。

新境界赋能

一部电话，一台电脑，全年24小时守候，倾听诉求，温暖人心。这是广州市电梯安全监控运行中心的真实写照。

与电话、电脑融为一体的，是96333平台工作者的新境界、新追求。

最怕看儿子的眼神

2018年9月，台风"山竹"裹着如注的暴雨，像头饥肠辘辘的巨兽，咆哮着扑向羊城广州。城区水位持续攀高，没膝深的水顷刻灌入商场、医院、居民楼。

5时20分，接警一居民小区发生电梯困人；

5时26分，接警一企业发生电梯困人；

6时07分，接警一商场发生电梯困人；

……

电话铃声此起彼伏。这一天，广州市电梯安全监控运行中心的电话铃声几乎没有间断过。

"救命啊！我和老母亲被困在电梯里了。"电话里传来声嘶力竭的呼救声。

"您是否有什么不舒服？我们现在就派人过去。有什么事随时联系我们……"

稳定报警人员情绪，查看锁定救援位置，联系救援力量。接警后的劳伟文一边盯着屏幕确认位置，一边调度救援力量。

"由于惊吓过度，被困老人已无法涉水行走。"刚准备起身缓解一下酸麻的腰身，伟文又收到救援人员在现场请求支援的呼叫。随着雨水不停地涌入地下室，被困人员所在的黄埔区某居民小区负一层积水已经过膝，必须尽快采取行动。

"快"字当头！

顾不上休息，劳伟文立即联系有关部门，请求联合救援。

7分钟后，奥的斯电梯维保工程师陈帅背着工具包出现在该小区。他以路边捡的一根木棍为"眼"，在水中摸索着前行。

机房停电，打开厅门，确认轿厢位置……6分钟后，陈帅动作娴熟地打开了电梯门，将被困人员安全解救出梯。

"注意，有水沟！"小陈大声提醒。地下室浑浊不堪的水面上，漂浮着木板、泡沫，小陈和几名消防员艰难地推动一艘载着被困老人的橡皮艇，颤颤巍巍地前行……

当天，广州96333电梯应急救援热线，接到224个电梯困人报警求救电话，处置电梯困人案件41宗，解救被困乘客114人。

这一天，仅劳伟文就接到21个电话。他从坐下来就没站起身，连耳麦都没有摘下过一次，水也顾不上喝一口。当电话铃声渐少时，时针已指向晚上7点。

按照规范，接警员上岗前须将自己手机存放至指定位置，不能接私人电话。

伟文下班时刚打开手机，发现数条儿子急促的语音信息："爸爸，家里好多水，快回来！"

有着10余年接警经验的他，为能心无旁骛地工作，不得不常年将年幼的儿子托付给岳母照看。得知爸爸要去看他时，他总要来来回回地跑到门口等，每次远远地看到儿子孤独的小身影和充满期待的眼神，劳伟文心中满是酸楚和愧疚。

"再苦只能苦自己，不能苦了遇险人。"这朴实无华的座右铭，埋藏在劳伟文的心灵深处，时刻产生着源源不断的力量。

常在线　不下线

10年来，广州96333不停歇，持续开展电梯智能监测科研工作，推广电梯物联网终端应用，促进电梯行业智慧化转型，提高使用、维保、管理、服务等环节智能化水平，为护航电梯安全插上智慧的翅膀。现在，居民掏出手机一扫，电梯基本信息、检验及维保等情况便一目了然。

新冠疫情期间，广州96333应急处置人员充分利用广州市电梯智慧治理平台，一台电脑，一部话机，快速实现话务接听、工单处理，保持处置工作"常在线"，救援服务"不下线"。

救援人员平均到达现场时间12分钟，救出被困者平均时间6.8分钟，比国家规定的相关时间要求缩短了63%。

自2012年12月12日上线以来，广州的这条电梯应急专线，成功解决了4万多起电梯困人应急案件。

24小时、365天不停地忙碌，96333已成为守护电梯安全运行的平安符号。

这支"只闻其声，不见其人"的力量，用电话架起沟通的桥梁，让一颗颗焦急的心得到了安抚，让一次次险情化险为夷。

好作风播爱

夜幕降临，六朝古都南京绚丽多彩，秦淮河桨声如歌，玄武湖碧波如镜……

美好的夜晚，繁忙的电梯，总有一群默默无闻的人在守候——他们的名字都有一个代码：96333。

嘴快　手快　眼快

"不着急，请您帮忙看看周围的标志性建筑。"夜晚，南京市96333救援中心灯火通明，接警员马珊珊与刚巧路过被困电梯的一名过路人员正在通话。

由于被困在南京某小区电梯内的人员未携带手机，困人报警电话是由经过电梯的路人帮忙打出的。

"都是差不多的房子，我是外地来南京的，只知道这里是江北新区。"准确位置一时无法确认。

"咋办？"马珊珊大脑中迅速搜索确认位置的办法。

急中生智！办法有了：征得同意，安排施救人员与这位报警人员互加微信进行定位，共享实时位置。

最后，救援成功！

珊珊的智慧和巧劲，离不开她那种"铁棒磨成针"的执着。

她曾度过一段咬牙坚持的日子，那时正进行岗位适应性训练。培训期间，珊珊通过复听历年来的报警录音"磨耳朵"，通过自我演练和互相对练的方式锻炼心态。灯光下，她时而翻阅资料，时而记录笔记，有时不知不觉就熬到了凌晨。专业技能的不断提升，让她在工作中开始游刃有余了。

就是凭着这种顽强的作风，马珊珊总结出了"嘴快、手快、眼快"的应急救援"三要素"。"接警的活儿，手一定要跟上，眼睛也要跟上。你要是慢了，就会耽误时间。"说出这句话时，马珊珊脸上满是严肃和认真。

划破夜幕的光

作为电梯应急救援接力的最后一棒，南京市以96333热线为纽带，以电梯维保单位、行业互助和政府救援保障组成三级救援力量，把"快"作为生命线，在实施救援的道路上跑出了速度与激情。

2020年，南京市江北新区某变电站突发故障，导致多台正在运行的电梯发生困人故障，大量乘客被困电梯。

96333电梯应急处置中心立即启动处置预案。通过分析研判，在调度小区维保单位立即开展困人应急处置的基础上，第一时间调度停电区域所有相关维保单位，对电梯小区开展电梯困人排查，防止被困人员可能因为停电或无手机信号，无法第一时间获得救援。

由于停电区域较大，停电后电梯随机停在不同的楼层，完全需要人工爬楼梯才能排查确认。

夜幕下，中商万豪小区内有两束光在漆黑的楼梯间逐层移动，南京京电科技有限公司维保员工刘培康、朱涛手持电筒，肩背几十斤重的工具包，奔走在该小区电梯救援现场。

刚爬至二十几层，就大汗淋漓，上气不接下气的他们，仍坚持迈开灌满铅一样的双腿前行。

机房内的钢丝绳平层显示屏显示：电梯急停在了两层中间的位置。随即小刘和朱涛兵分两路，一人负责留守机房，一人则迅速赶至困人楼层，配合同事手动松闸。

"小朋友不要慌，马上就可以出来了。"听到困人电梯内传来的孩子哭声，小刘首先就和被困人员对上了话。

"往下放，再放下来些。"对讲机中，小刘和朱涛密切配合着，将电梯轿厢放到平层的位置。"阿姨，有没有不舒服？"几分钟后，被困人员成功获救。出电梯后，她听到的全是暖心的问候。

9台54层（站）电梯，刘培康和同事们逐台逐层"跑梯"，全部排险处理到位。收拾好工具，顾不上停歇，他们又消失在茫茫夜幕中。

细流润心田

近年来，随着城市的不断发展，电梯早已融入人民群众的生活，成为使用频率最高的交通工具。

天长日久，乘梯人也对电梯产生了不少疑问：电梯会不会掉下去？被困电梯会不会窒息？手被电梯夹住怎么办……

96333平台运用丰富多彩的活动，有效地进行了解疑答惑。

"等电梯，距三步，门打开，先观察……"在某小学的操场上，近千名学生正声情并茂地和主持人一起背诵"安全乘梯三字经"。这是"百城万校儿童安全乘梯流动宣传活动"现场的一个镜头。

该活动是由原国家质检总局特种设备安全监察局、教育部基础教育一司联合主办，西子奥的斯电梯有限公司承办的大型安全乘梯公益活动。

一个孩子可以带动一个家庭，一个个家庭可以带动整个社会。培训从走进课堂、走近孩子开始，打通百姓安全常识"最后一公里"。

"这是我们平时看不到的一部电梯门的结构，现在正在模拟电梯开关门的一个动作……"活动现场的安全乘梯流动宣传车内，跟电梯打了近10年交道的西子奥的斯电梯工程师王颖，正耐心地给孩子们介绍电梯内部结构，及安全乘梯的注意事项。

通俗易懂的电梯知识，犹如涓涓细流，沁入一个个求知者的心田！

令人痛心的事故案例，犹如高山飞瀑，冲刷着一个个幼小的心灵！

03/
特种“剑”出鞘

题记: 宝剑锋从磨砺出。如果说特种设备安全法是一把护佑平安的利剑，那么安全第一、生命至上，就是它最锐利的锋芒。12 年的磨砺，凸显了重视安全、强化法治的国家意志，也定格了特种设备人孜孜以求的使命担当。

2013年6月29日，这个看似寻常的日子，对于中国特种设备人来说，却是一个特别的日子。

下午3时15分，雄伟壮丽的人民大会堂灯光璀璨，全国人大常委会正在这里审议《中华人民共和国特种设备安全法》。

投票表决开始，委员们郑重地伸出手指，轻轻地摁上电子表决器……

显示屏上，即刻显示出了投票结果：赞成160票，反对1票，弃权4票，1人未按表决器。

时任全国人民代表大会常务委员会委员长张德江庄严宣布：《中华人民共和国特种设备安全法》（以下简称特种设备安全法）获得通过！

顿时，会场上响起了一阵阵热烈的掌声。

这是中国特种设备安全方面的首部法律，是我国依法治理特种设备安全的新突破！

从此，我国特种设备的发展和安全有了新的支撑和保障。特种设备安全工作向着科学化、法制化方向迈出了一大步。

12年磨一剑！从九届全国人大到十二届全国人大，历时12年，这部大法"千呼万唤始出来"。其台前幕后的故事无不让人动容。

为了这部特别的法律，多少人呕心沥血，付出了艰辛的努力！

深情的呼唤

特种设备安全法通过的那个历史时刻，张纲正坐在表决现场旁听。委员长宣布"通过"的话音刚落，他紧攥的拳头慢慢从胸前放了下来，接着便赶紧将头微微后仰，努力控制着打转的泪水溢出眼眶。

作为特种设备安全法的发起者、推动者、参与者，一幕幕难忘的画面，不停地在他脑海浮现……

箭在弦上

入夜，第十一届全国人大青海代表团住地开始进入安静状态，忙碌一天的代表们已经入睡，可是有一间房间仍亮着灯光——一个魁梧的身影正在挑灯夜战，一阵阵"沙沙沙"的书写声飞出了窗外……

他叫朱台青，第十一届、十二届全国人大代表，时任青海省质量技术监督局副局长。

此刻，他正在郑重地书写议案，呼吁尽快启动特种设备安全方面的立法工作。

朱台青曾在原国家质检总局特种设备安全监察局挂职锻炼，在青海省质监局也分管特种设备安全工作，因此，他对我国特种设备有更多的了解，也对特种设备安全立法的必要性、紧迫性有着更深切的感受。

"人民代表为人民"的责任感，促使他连续两届在全国人民代表大会上，就特种设备安全立法提出议案。

和朱台青一起发出立法呼吁的，还有来自北京、上海、广东、湖北、安徽、新疆等省、自治区、直辖市的仇小乐、马成果、朱健、李迅、高德等多位全国人大代表。

仅在2001年召开的第九届全国人民代表大会上，人大代表就提交了6件关于特种设备立法的议案。

此后的11年里，在每年的全国"两会"上，持续发出加快立法的特别声音。12年中，共有1204名人大代表提交了35份关于特种设备立法的议案，多名全国政协委员也就特种设备立法先后提交了多份提案。

全国"两会"期间，为回应人大代表关于特种设备安全立法的强烈呼声，特种设备局主要领导带领机关人员，到代表住地面对面听取意见和建议，让民主立法、科学立法在第一环节就把基础打牢。

他们在马成果、高德两位代表房间，听到了强化企业主体责任、从源头夯实安全基础的心声；他们在朱健、仇小乐休会间隙的散步途中，听到了加大责任追究、提高违法者成本的建议；他们在北京人民大会堂记者采访现场，听到了来自长白山麓关于景区保障特种设备安全的6项举措……

一声声呼吁，代表了心底的声音，承载着新的希望；

一份份议案，体现了强烈的民意，提供了强劲的动力。

特种设备安全立法，已经箭在弦上。

第一步不轻松

癸卯兔年，北京城的大街小巷，沉浸在一派欢乐祥和的节日气氛之中。

然而，一位88岁高龄的老人，却已经丝毫感受不到什么是快乐。

他就是曾经的压力容器设计、制造专家，原全国人大财经委副主任委员贾志杰。由于患阿尔兹海默症多年，在有两个卫生间的住房里，他已找不到上厕所的地方。

可是，当一个高大的身影出现在他面前时，老人呆滞的眼神忽地一亮，一个名字便脱口而出：张纲。

记起了张纲的名字，他却把当年那件大事忘得一干二净。

2006年12月26日，十届全国人大财经委正式成立特种设备安全立法起草领导小组，第一任组长就是贾志杰。

从此，特种设备安全法由全国人大直接立法迈出了可喜的第一步。

这一步迈出得可不轻松！

熟悉情况的人至今还记得，一次又一次地讨论要不要立法，每次会议室几乎吵成了一锅粥：

"有《特种设备安全监察条例》就够用了，干吗还要立法？这不是多此一举？"有人质疑。

"安全生产法的架构很完整，可在此法下制定若干条例。"有人提出建议。

"立法时间太长，没有十年八年拿不出来，到时出来'黄花菜都凉了'！"有人一针见血。

2003年年底，从国家有关部委，到质检总局机关，只要一谈特种设备立法之事，时常听到的都是质疑声。具体协调中碰到的，不是硬钉子就是软钉子。

面对多种声音，面对重重困难，原国家质检总局领导没有放弃，时任特种设备局局长的张纲更没有动摇与止步。

一次次认识上的深入交流，大家看到了《特种设备安全监察条例》实施以来，安全状况改善的新变化，更看到了特种设备安全面临的新情况、新挑战：特种设备安全监察的内涵及需求发生了重大变化，特种设备安全面临的国情发生了新的变化，特种设备安全面临的国际环境发生了深刻的变化，仅仅依靠政府部门的安全监察，已经不能适应经济社会发展的需求。同时，管理制度和法律体系必须更加开放、透明，更好地与国际接轨。

一次次思想上的激烈碰撞，大家看到了《特种设备安全监察条例》实施以来的局限性，更看到了立法的迫切性：确保特种设备安全必须建立在牢固的法律基础之上，必须通过立法强化基本制度、健全管理体制、突出企业主体责任，形成全社会齐抓共治的机制。

"人心齐，泰山移"。

特种设备人高兴地看到，依法治理特种设备安全的新图景，开始了紧张而又有序的准备与设计。

也许是特种设备安全具有的特殊性，在立法进程上也体现了一个"特"字。

全国人大财经委决定直接启动立法。特种设备安全法立法工作正式拉开了序幕。

艰辛的探索

特种设备法立法启动的消息，让原国家质检总局特种设备局的工作人员兴奋不已。

为了这一天，他们等得太久了，探索得太艰辛了。

等不得　慢不得

2001年，新世纪的崭新曙光，让特种设备安全工作露出了新的生机。

然而，全新的挑战在"示威"，机构改革职能调整面临的诸多矛盾也在萌生。

当时施行的《锅炉压力容器安全监察暂行条例》，已经不能适应变化了的情况。

特种设备人心里升起了一个巨大的问号：安全监管管什么，怎么管？

5月的一天，特种设备局局务会议正在紧张地探讨这个问题。一开始，两种意见截然不同：有人建议修订现行条例；有人建议一步到位，直接推进法律的制定。

在激烈的争论中，崔钢等人力主促进法规修订与法律制定同步布局，现阶段重点是修订法规，出台新的条例。

理越议越明。经过相关准备，新的序幕拉开了！

立法需要研究借鉴。中国特检院时任院长林树青带领专家，分赴美国、加拿大、日本、德国等发达国家，针对其法规标准体系，以及检验检测，进行现场考察，比较研究，编制了一套丛书，提供给立法部门参考。

大量数据和鲜活的事例表明，这些国家特种设备管理模式不尽相同，但都有专门的机构和完善的法律，都有严格的管理制度和灵活高效的运行机制。

反观我国，高速发展的经济和质量安全的矛盾较为突出，当时特种设备事故率为发达国家的4至6倍。

推进法治建设，狠抓特种设备安全技术规范落地落实，成为特设卫士和社会各界等不得、慢不得的共识。

风起于青萍之末，法和理同在。

炎炎烈日之中，特种设备安全"百日攻坚行动"开始了：特种设备局全体人员像网一样撒开，蹲在一线，除隐患解难题。

春回大地之时，摸底大调查开始了：原来的台账更新没有？主要问题集中在哪几类上？问题的根源与法是什么关系？立法的重点是什么？

滴水成冰之际，企业落实主体责任试点开始了：县以上质监局都有试点企业，把安全责任落实到每个岗位，融入企业发展战略，在自己的"一亩三分地"上明明白白抓安全。

从清风万里，到繁星点点，新征程上的特设卫士像燕子垒窝一样，一点一滴精心构筑利于兴旺发达的家园。年底盘点，特种设备局机关一些干部出差都在百天左右。虽然脸晒黑了，皮肤粗糙了，但带回了大量安全监察的先进经验。于是有人针对问题直接用短信上书张纲："安全管理是天下难事，我们再拼命也跳不出偶发事故的规律。"

夜阑人静，有写日记习惯的张纲读着短信，不由心生感慨。他提笔在日记中写道：任何事物发展变化都有自身的规律，但人在其中，并非完全顺其自然，无所作为。有志者当然可以在其中发挥主观能动性、创造性，推动矛盾由量变到质变，实现新的飞跃。

的确，更多的有志者，正在主动作为。

特种设备局和中国特检院全力加强法规、规范、标准体系框架研究，从而引发特种设备法治思维的新探索，每年的法制建设务虚会，变成了解决实际问题"揭榜会"。他们将小规范大整合，根据其历史现状、急需程度、起草难易等因素，齐心合力攻关，将过去的355项规范，逐步合并为145个拟定目录，然后再提高、优化、压缩，以增强服务安全发展的可操作性、稳定性和有效性。

冬去春来，经过15个月的努力，一部新法规——《特种设备安全监察条例》应运而生，在依法行政中，一砖一石建设着特种设备安全大厦的四梁八柱；寒来暑往，法律以新"条例"为基，在新实践、新探索的萌芽中，切准社会热点，积蓄成长的力量。

从最初的到处碰软钉子，到敢于迎难而上"钉"硬钉子，特种设备局在立法追求上实现跃升，步伐开始提速。

心不灰　意不冷

提速之际，有难关，有阻力，更有理性的博弈。

"第一步"——推动《特种设备安全监察条例》出台，就一度遇到了前所未有的阻力。

2001年11月，经过充分酝酿讨论，国务院法制办果断决定，把《特种设备安全监察条例》列入2002年一类立法计划。一般情况下，一类就是优先推进的、有紧迫需求的，第二年基本上可以出台施行。

然而经过精心起草打磨的条例（草案），第一次上会审议，就遇到了巨大的阻力。透视原因，核心问题有两条：管哪些设备？怎么管？

"这个条例（草案）及监管制度的调整，我们不赞成！"当着国务院法制办领导的面，某部委一位资深副局长率先发言。之所以一上来就撂重话，焦点就是反对一个部门实施特种设备全链条、全生命周期管理。随后，参会的部门领导先后发言，褒贬不一。两个单位直接投了反对票。

听说此事，起草组个别同志有些心灰意冷。

张纲在明确下一步工作重点时，反复阐明一个道理："我们坚持的是制度发展，是事业，但不能不让别人想权利。只要方向正确，坚定信念，理性而智慧地表达我们的追求，就能获得更多部门的支持和价值认同。"

前所未有的挑战，让起草组重燃激情，决心更大，信心更足。除了给法制办继续呈送补充材料外，他们转变工作方式，登门到抵触情绪大的单位，拜访当事人。带着满满的诚意，一个一个地解扣子。

坦诚的态度，理性智慧的表达，既拉紧了双方的感情纽带，又春风化雨般地解开了对方的思想疙瘩。临分别时，双方紧紧地把手握在了一起。

登门致意，诚心交流，但也有部门拒绝让步。其理由似有切肤之痛："你们立法成功了，我们的制度就动摇了！你们的监管是'全生命周期'，我们的行业监管是环节，不能兼容。"

张纲语气平和地提出了3条解决办法，对方却斩钉截铁地予以回绝。

条例（草案）的最后一关就是审议程序。会议开始不久，气氛就带着浓浓的"火药味"。

有人当场挑出质检部门监管电梯的毛病，并且举了一个并不准确但能动摇人心的例子，由此推断对电梯不能"一条龙"管理。

但也有人当场对此表达了不同意见：电梯要监管到位，必须坚持"两个一"，即：企业"一条龙"服务，包括配件、零部件；政府一个部门监管，而且是全生命周期监管。

会场气氛顿时活跃起来，大家争着发言。共识在讨论中逐步形成。

最后的结果是"原则通过！"一直处在忐忑中的张纲，此时长舒了一口气。

2003年3月，国务院颁布了我国第一部关于特种设备安全监督管理的专门法规《特种设备安全监察条例》。从此，特种设备安全法律的制定有了新的支撑点。

求真的足迹

立法之路是汇聚治理经验精华的艰苦过程。一旦拉开帷幕，调查研究是第一关，更是影响立法质量的硬环节。

问计于民

观光索道随着旅游业的兴起，已乘着"旅宜速，游且缓，观赏更舒雅"的现代理念，在全国名山大川遍地开花。

为掌握索道行业监管运营状况，特种设备安全法起草组选择到四川甘孜州海螺沟景区实地调研。专家组一行12人乘车翻越3400多米高的二郎山时，已是下午3点。正要顺山而下，突然前方道路出现塌方，车困在原地进退不得。此时气温骤降至零下，夜色也渐渐笼罩山川。大家缩着身子，用冻僵的手拿出随身携带的方便面干吃起来。等道路抢修好，他们驱车赶到驻地时已是午夜12点。

第二天上午，调研组兵分四路，听取索道营运管理情况汇报，检查各项安全制度落实的细节。3天时间，专家组和行政监察人员，从监管意识到健全规章制度，从安全技术标准规范采用到管理台账，全部按照法律程序检查一遍。

2008年春天，全国人大财经委领导换届，闻世震副主任委员接棒特种设备安全法起草领导小组组长。

岁月的时钟走到了2009年初夏，特种设备安全法的调研工作也开始"火热"起来。

在风景秀丽的白山黑水之间，调研组沉到一线，就法律的定位等问题寻根问道；在四季如春的云贵高原，调研组深入车间，就企业的主体责任等问题广纳民意；在辽阔壮美的大西北，调研组穿行在居民区就多个问题问计于民……

明察加暗访，座谈加探讨，调研的触角伸得更深，立法的焦点聚得更准。比如《特种设备安全监察条例》，对地方政府的责任规定比较原则，很难激发地方政府对特种设备安全守土有责的意识；再如，《特种设备安全监察条例》在"法律责任"一章中，主要采用行政措施和罚款，缺少民事赔偿责任和明确的刑事责任，造成违法违规成本较低，而遵章守法成本较高，在一定程度上助长了企业"闯红线"行为。

有的调研报告更直击"九龙治水"水不畅的"漏洞"：《特种设备安全监察条例》与安全生产法、建筑法、劳动法、产品质量法等相关法律存在交叉甚至矛盾。如安全生产法只表述了制造出厂的检验要求，产品质量法对产品的监管方式不适用于特种设备，建筑法对管道表述不明确并且产生矛盾等。

像一个人摊开巴掌一样，5根手指各有其用。起草组聚焦立法科学性、高质量，力求把握前瞻性与现实性、安全性与经济性、强化监察与发挥社会作用、坚持成功做法与创新机制体制、综合治理与专项监管这5根指头，一根根聚拢，使之紧紧攥成一个高效有力、保障安全的铁拳头。

心血的凝聚

提起特种设备安全立法，很多人都会想起同一个名字：石家峻。

在原质检总局特种设备局综合处处长岗位上退休后，面对企业高薪聘请和起草组特聘顾问两种选择，他毅然选择了后者。退休前，他带领大家一个字一个字抠出来115项特种设备安全技术规范。到人大财经委当特聘顾问，法案室专门为他准备了一张办公桌，希望他根据身体情况，每周上两天班即可。可是倔得有名的老石，每周坚持上3天班，而且十年如一日，风雨无阻。

老石爱人患有严重的肺病，不能洗衣做饭，孩子又不在身边，每到上班的中午，老石都会坐一个小时公交车赶到家里给妻子做饭、熬药。而他自己腰不好，犯病时坐出租车总是身子先进去，然后用双手把两条腿搬进车里，有时疼得直咧嘴。儿子不理解，问他图什么？他笑了笑回答："就图为特种设备立法，就图我热爱！"

从2010年开始，特种设备安全法草案稿，围绕监管范围应当扩大、明确监管主体、理顺监管体制等焦点问题，反复讨论修改。按照立法程序要求，草案稿也从财经委的法案室，交到法工委的社会法室，进行更精准的打磨修改。其间，有部分委员建议删除安全技术规范这一章。老石听说后非常痛心，几经犹豫，还是找到那位负责修改的女处长办公室。刚一露面，她快速关掉电脑："不许看，还没改好呢！"老石谦和地自我介绍："我是财经委请的顾问，想向处长学习一下。"看在两个部门间友好关系的份上，处长只好坐下来静听了。

"我从上大学开始，搞了一辈子特种设备，对删除安全技术规范这一章有反对意见。"老石有理有据，从国外讲到国内，从标准讲到技术规范，陈述不能删的理由十分充分。

满头白发的石老，一番口舌没白费，当场赢得处长的肯定。最后法律形成时，他关注的内容，还真的用精练的文字写了进去。

代表全系统争"一个顿号"，也成为特种设备安全法立法中的一段佳话。过去"检验检测"4个字，放在一起就是检验一个意思。法案室副主任、起草工作组组长钟真真非常较真，非要向张纲和石家峻问个明白，并列为调研题目。特种设备局为此两次召开研讨会解疑：检验支撑政府部门的监管，具有强制性；检测则是企业委托和社会化服务，从而为检验检测工作的改革发展留下了空间。

最后，第三章标题"检验、检测"之间的这个顿号加上了！

钟真真的脑海里，时常浮现出那个令人难忘的画面：在德国一家啤酒厂考察时，只见留着花白胡子的工程师趴在地上，一遍又一遍地仔细检查压力容器底部焊缝的质量状况……他回国后给起草组同志讲，能这样认真把关的原因是什么？就是法律法规、标准规范的刚性约束。我们制定法律条文，就是要体现可操作性，体现科学严谨的精神。否则，国家将特种设备列为重大装备，就会缺少法制的支撑。

该法进入"三审"前夕，本着"能具体尽量具体，能明确尽量明确"的原则，从一审时的65条到二审时的72条，再到最终版本的101条，体现了立法者对立法质量和可执行性的不懈追求。

2013年6月29日15时15分，北京人民大会堂正对特种设备安全法进行投票表决。列席会议的立法起草小组主要成员，人人屏住呼吸，个个目不转睛地盯着大屏幕。

法律通过的那一刻，他们激动的心情，犹如大海的波涛久久不能平静。

12年磨一剑！特种设备人用这种诗一样的语言，来表达对这部法律的热爱与敬重。

"利剑"的光芒

利剑高悬，光芒四射。

特种设备安全法的出台，为企业增强了动力，让监管部门有了依托，给安全上了一道大锁，使老百姓看到了新的希望。很多人为此拍手叫好!

亮点纷呈

特种设备，人命关天!

"特种设备安全法以人为本，立法中始终将人民生命财产安全放在首位，这正是其最大的特色。"这是广州日报的评论。

"特种设备安全法心系人民，回应了老百姓的安全关切，这是它最鲜明的特点。"这是北京国瑞购物中心副总经理王京晶的感受。

"特种设备安全法可操作性强，不管是生产者、经营者或者是管理者，在责任的承担方面都可以与某一条对号入座。"这是全国人大常委会委员许为钢的感慨。

"这部法律面向未来，给推动改革创新、服务安全发展留下三大空间：安全性与经济性相统一的发展空间，全过程监管与市场化服务相结合的创新空间，监管范围与时俱进的调整空间。"这是张纲的体会。

特种设备安全法精彩纷呈。时任原国家质检总局法规司司长刘兆彬，为其总结了"十大亮点"：确立了"三位一体"管理体制；突出了分类监管和重点监管两大原则；完善了监管范围，形成了完整监管链条；明确了各方责任，重点突出了企业主体责任；强调了加强特种设备安全和节能管理，确保特种设备生产、经营、使用安全，符合节能要求；确立了特种设备的可追溯制度，又称设备身份制度；确立了特种设备召回制度；确立了报废制度；确立了事故责任赔偿体现民事优先原则；加大了对违法行为的处罚力度，违法行为处罚最高可达200万元。

十大亮点交相辉映，"点亮"了一部法，照亮了一片天！

2014年1月1日，特种设备安全法正式实施。它犹如高悬的利剑，放射着特有的光芒，释放着特别的威力。

星光闪烁

灿烂的"光芒"，吸引了"满天"的"星光"——就在该法出台前后，全国各地开始了特种设备立法的"大合唱"。

几年前，进入"老龄期"的江苏省徐州市望景花园小区电梯，故障和困人现象时有发生。34层的高楼，两部电梯停用已半年，仅有的一部电梯也是时好时坏。

"我70多岁了，腿脚不好，电梯修好前我一个多月没下楼，当时都想换房了。"李大爷不堪回首。

由于权责主体不明晰、资金筹集存在困难等原因，电梯维修问题迟迟得不到解决，给居民出行带来了很大困难。

望景花园电梯使用面临的困境，仅仅是当时该市老旧电梯运行状况的一个缩影。

故障频发，电梯安全已成为社会、百姓关注的热点问题。亟待通过立法、依法、依规解决电梯安全管理中存在的问题。

经多方调研、征求意见，原徐州质量技术监督局借全国特种设备立法启动的东风，于2009年向市人大常委会申报了电梯安全管理立法的初步意向，2010年徐州市政府将其列入了立法调研项目。

3年工夫不寻常！经徐州市人大常委会制定，江苏省人大常委会批准，《徐州市电梯安全管理条例》自2012年3月1日起实施。这是全国首部关于电梯安全管理方面的地方性法规。仅该条例实施的当年，该市电梯年故障率就降低了50%以上。

徐州市开先河，江苏省乘势而上，制定了《江苏省特种设备安全监察条例》。

广东省后来居上，连续出台了《广东省特种设备安全条例》《广东省电梯安全条例》和《广东省气瓶安全条例》。

山东省出手不凡，探索开门立法方式，出台了具有山东特色的《山东省特种设备安全监察条例》。

特种设备使用大户深圳市堪称大手笔，制定出的《深圳经济特区特种设备安全条例》，一系列机制性突破成为效仿的样板。

上下联动，左右发力，全国地方性法规纷纷出台。

特种设备安全法带来的连锁反应让人感叹，有法必依、执法必严的实际行动让人点赞，安全事故不断减少的成果让人振奋！

04/

会当凌绝顶

题记： 用"不放弃"去改写"不可能"，用"想办法"去攻克"没办法"。无畏坎坷艰险，几度柳暗花明，他们用智慧和坚韧创造一个个中国奇迹，彰显着特种设备科技人员的拳拳报国情怀。

面对这样的情景，能不激动吗——

一个国际专业性技术组织主席的"宝座"，40年来一直由发达国家的权威把持。谁能想到有一天，一位中国声发射专家破天荒地跃上了这个世界瞩目的位置！

听到这样的故事，能不感慨吗——

一位浙江大学毕业的高材生，凭着不懈地追求"治病救罐"，一次次地爬上了险象环生的球罐，一回回地钻进了毒气刺鼻的容器，硬是实现了从检验员到中国工程院院士的跨越！

回望这样的历程，能不怀念吗——

曾经有段时间，我国压力容器和管道都存在令人头疼的缺陷，一度事故频发，但一时又无合适的解决方法。全国600多名科技人员携手攻关，终于突破了一道道难关，填补了一项项空白，创造了一项项达到国际先进或领先水平的成果。从而彻底解决了困扰已久的顽固缺陷。

一个个奇迹和突破的背后，是中国特设科技人为国分忧、为民解难的独特境界，是中国特设科技人坚韧不拔、永不言败的不懈追求。

让我们沿着这条特别的专业"轨道"，去追寻部分特种设备科技工作者坚实而又闪光的足迹……

进击者没有终点

也许您曾在风景秀丽的武夷山九曲溪，乘坐小小竹排顺流而下，饱览过"山光倒浸清涟漪"的绝美画卷；

也许您曾聆听过那首脍炙人口的歌曲"小小竹排江中游",一度沉浸在"巍巍青山两岸走"的诗情画意之中。

然而,您可能怎么也想不到,具有2000多年历史的我国民间水上运输工具——竹排(筏),有一天会"划"进一个巨大的球罐中……

那是1997年,安徽省安庆市石化公司一个存储液氨的超大储罐,顶部突然发生开裂泄漏事故。周边4万多居民被紧急疏散。

险情告急!人命关天!

接到救援任务的陈学东一行,马不停蹄地赶赴现场。经过日夜奋战,好不容易临时堵住了那条危险的裂缝。

可是,警报并未从根本上解除,裂缝依然心安理得地"贴"在球罐内壁之上。

只有及时对球罐开展全身"体检",然后有针对性地处理"伤口",才能彻底排除隐患。

体检?谈何容易!

高度达到70米、体积达到8000立方米的巨型球罐内,无法搭建传统的检测脚手架。

想了一个办法,不行;又想了一个办法,还是不行!

怎么办?

在和同事的切磋之中,陈学东的耳畔仿佛响起了"小小竹排江中游"的优美旋律……他眼前忽地一亮:有了!给球罐注水,人在飘浮的竹筏上开展检测。

现场一试,真管用,竹筏浮在球罐内的水面上,检测一层便放掉一部分水，水降筏降，层层减进……

终于，球罐内的所有"病灶"都找到了，而且一个个被排除了。

就是凭着这种智慧和汗水的融合、情感与毅力的共振，从合肥通用机械研究院起步的中国工程院院士陈学东，跃上了一个个人生和科研的新高度。

与"压力"较劲

有人说，陈学东干科研是"真解决问题，解决真问题"。

的确如此！他真能解决问题。

有一次，陈学东一出手便手到"病"除：上海石化公司两台进口压力容器发生开裂泄漏事故，制造商返修3个月也未完全修好，最后留下了一道令人提心吊胆的裂纹……该公司领导左右为难：停用吧，一天损失高达几千万；不停吧，危险可能随时爆发。情急之下，他们找到了陈学东。学东二话没说，带着队伍立即赶到现场，经反复检测、试验、论证，最后找到了切实可行的方案。两台设备不仅起死回生，而且延年益寿，使用期足足延长了8年。企业负责人高兴得几乎合不拢嘴。

有一次，陈学东一出马便马到成功：我国某重要装备所用进口气瓶发生重大事故，而且影响到所有相同设备的正常使用。开始外方极力推卸责任，硬说是海水腐蚀带来缺陷扩展而引起的事故。学东受邀赶到现场，察看、检测、分析之后，他的火眼金睛一下子捕捉到了"真凶"——气瓶材料韧性差，存在原始缺陷，经海水冲蚀后缺陷扩展，从而引发事故。一系列试验和改进后，缺陷彻底消除了，该设备重新焕发出了生机与活力。

相关单位和企业负责人的压力释放了，陈学东的压力却没有半点减轻。

1986年毕业于浙江大学，在合肥通用机械研究院参加工作的他，一开始就自我加压，和压力容器的毛病较上了劲。

艰难的探索之中，他悟出了一条道理："要搞好科研，首先要弄清楚国家在想什么，企业在急什么，国外同行在干什么。要把方向牢牢地定位在为国家、为行业和企业的服务上。"

行动，成了学东兑现诺言的真实写照！

从检验员、检验师到高级检验师，从室主任、院长到中国工程院院士，为了准确及时地"治病救罐"，陈学东一次又一次地爬过与危险相伴的球罐，钻过毒气刺鼻的容器。有人敬称他是"爬罐爬出的院士"。

20世纪90年代末，他爬过中石油、中石化的若干个储油、储气罐之后，心头就像压上了一块大石头，一下子喘不过气来。

两大超级公司的关键生产设备——催化再生器突然发生开裂事故，最长的裂纹足有5米之多。而且它就像传染病一样，时间不长便"感染"了全国20多家炼油企业的多种设备，每天造成的经济损失少则几千万，多则几个亿。企业负责人一时急得像热锅上的蚂蚁。

明知山有虎，偏向虎山行！

陈学东团队迎着焦虑而又期待的目光，向着罕见的缺陷发起了挑战。

不知熬过了多少难熬的白天黑夜，他们在一线查缺陷，探究竟；

不知吃了多少从未吃过的苦头，他们在实验室里找办法，寻对策……

好不容易，在与国内其他科研机构的精诚合作下，一道道难题迎刃而解了。他们不仅探索出了压力容器与管道安全性评估新技术，而且创造出了从外壁检测内壁裂纹、在线超声检测等新技术。

"药到病除！"新成果应用后，30余台饱受折磨的开裂石油设备立马消除了"病痛"，走上了安全运行的新轨道。

向"硬骨头"开刀

一块石头落了地，另一块沉重的石头又压上了陈学东的胸口：2008年，天津石化公司镇海炼油厂等企业的百万吨级大型乙烯工程，正在建设的节骨眼上突遭当头一棒——外国有关厂商拒绝提供制造乙烯球罐所必需的钢板，而国产钢板还难以"担此大任"。

眼看着这些重大工程就要停工了。陈学东看在眼里，急在心里。

"纠结不得，等不得！只有抓紧干才能解决问题。"他率先提出新的思路，带领团队"啃"起了这块"硬骨头"。

事虽难，做则必成！

做，虽然使每个攻关者几乎都脱了一层皮，却升起了一抹中国制造的新曙光——长寿命、高可靠性特殊钢板研制成功了，钢制2000立方米低温乙烯球罐也随之研制成功了。

这是中国人在重要压力容器研制上的惊人一跃！技术上一举达到了国际先进水平。

陈学东为此开心地放松了几把：做菜和打桥牌！

谁能想到，他竟然拥有3级厨师证书，能做一手好菜。当年作为快乐的单身汉，他曾拿出看家手艺，做上几个色味香形俱佳的特色菜，请同事们一饱口福。

谁能想到，他竟然还是桥牌高手，曾经获得安徽省桥牌双人比赛的冠军，并且坐上了安徽省桥牌协会副主席、名誉主席的"宝座"。

也许，陈院士科研上的某些灵气，就来自这些难得的业余爱好。

从"全链条"下手

"基于风险的检验"，好一个新的检验理念与技术！

这个源自发达国家的先进技术，着眼于安全性与经济性的统一，让陈学东眼前为之一亮。

他们有针对性地借鉴"基于风险检验"的方法，在科学分析的基础上，给缺陷设备的风险排序，进行使用寿命评估，从而挽救了一批到了使用期仍能延长寿命的设备，让很多一时无法更换"带病"压力容器的企业，终于松了一口气。

这是一个了不起的变革！很多人为之兴奋。

陈学东在短暂兴奋之后却紧蹙起了眉头：仅靠这种后端检测维护的方式，只能是亡羊补牢，难以从根本上解决设备安全问题。如果把问题反馈给前端，从设计、制造环节的源头开始堵塞漏洞，全链条地保障安全，岂不更好？

严峻的现实，让他更加坚定了自己的想法：当时，伴随能源工业装置大型化和工业介质含硫含酸现象加剧，压力容器不仅面临高温、高压、高冷等极端服役环境，而且面临超大直径、壁厚、容积等极端尺度的新考验。采用传统的设计边界和标准则深感心有余而力不足，致使一些重要的压力容器要么生产不了，要么生产出了寿命和可靠性却很低。因此，我国重大工程建设的大量设备，不得不依赖进口。

心动不如行动！

陈学东一马当先，带领团队向着压力容器全过程安全保障难题发起了挑战。华东理工大学教授涂善东、浙江大学教授郑津洋等专家，争相贡献自己的智慧和力量。全国数十个单位的科研人员，也为此挥洒着汗水。

心与心的交融，智与智的共生，力与难的较量……经过3000多个日日夜夜的持续奋战，一项全新的成果横空出世："极端条件下压力容器设计、制造与维护"项目，从设计边界拓展，设计准则提出，到全寿命服役风险预测和控制，再到重大装备国产化技术，实现了全方位的历史性突破。

它，一举夺得了国家科学技术进步一等奖的桂冠！

它，让中国压力容器从此插上了更加安全的翅膀！

乘胜进军！

在新理念、新方法、新技术的指引下，相关科技人员采取早期材料控制、结构改进与制造工艺优化等措施，攻克了高韧性材料研发、焊接热处理工艺筛选等多道难关，让高质量的国产压力容器露出了神秘的面孔——

世界首台直径达3.7米的大型镍基合金B3容器，让人赞叹不已！

国内首台直径达7米，锻压厚度达400毫米的环氧乙烷反应器，让人反应成串！

国内首台容积达15万立方米的超大型原油储罐，让人超级开心！

……

从此，我国压力容器的质量与性能上了一个大台阶，并且优于当时的国际先进水平！

从此，我国6大类压力容器不再依靠进口，重大工程建设终于有了自己的长寿命、高可靠性的"大国重器"！

陈学东团队创造的这项成果，在全国2000多家压力容器设计、制造企业生根、开花、结果。仅3年时间，就取得直接经济效益高达32.8亿元，间接经济效益高达50亿元。

看得见的是果实，听得见的是足音。

我国压力容器产业的前行步伐，迈得更加稳健有力了。

现为中国工程院院士，中国机械工业集团副总经理、总工程师的陈学东，前行的步伐依然还是那么坚实。身后留下的，唯有一串串深深的脚印……

咬定"青山"不放松

夜深人静，古老的北京城已经进入梦乡。某职工宿舍的一间斗室里，闪现出了一丝丝神秘的烛光。

微弱的光线，把一张坚毅的脸庞勾画得线条分明，将两道弯弯的眉毛仿佛变成了两个思考的问号。

这位沉浸在烛光之中学习思考的年轻人，就是研究生毕业后又回到中国特检院，后来成为该院总工程师的陈钢。

在烛光中铺陈思路、梳理科研中的堵点，这是他多年来养成的一个"浪漫"习惯。

也许，他想借助梦幻般的朦胧场景激发灵感；也许，他是在用蜡烛"燃烧自我，照亮别人"的独特精神激励自己……

望"裂"兴叹的刺激

伴随着一次次烛光的闪烁，陈钢的脑海中一次又一次地浮现出那个令人心焦的画面——

在北京燕山石化公司，一向傲然挺立的巨型进口球罐，突然发出了痛苦的"呻吟"：内壁张开了一道道伤口，裂缝就像老人脸上的皱纹一般，又多又深又长。这让它和它的主人们，一天到晚胆战心惊！

由于一时没有合适的办法进行有效的诊断和治疗，企业只好忍受巨大的损失长时停用，一天天望"裂"兴叹。

这样的窘境，全国各地为数不少。

改革开放初期，我国正在使用的130多万台锅炉和固定式压力容器，其中有近40万台不同程度地存在着各种严重缺陷，并且长时期带"病"超期服役。

全部更新吧，缺钱！如果依据当时的标准对所用40万台设备全部报废更新，则需要几百亿元的巨额资金，我国经济实力当时无法承受。

如果一部分更新一部分维修，也行不通！这样至少也要花费一两百亿元。国家百废待兴，同样难以承受。

面对如此严峻的形势，陈钢感到心情沉重、责任在肩。

他暗下决心：一定要发挥所长，刻苦钻研，攻坚克难，为国家分忧，为企业解难！为早日解决这一"跨时代难题"竭尽全力。

恰在这时，原国家科委下达了"七五"重点科技项目"带缺陷压力容器安全性评定研究"。其后，经过团队的不断研究和论证，含缺陷压力容器和压力管道及管件的研究，持续被列入"八五""九五"及"十五"国家重点攻关计划。

陈钢和他的伙伴们不负重托，向难题发起了一次又一次的冲锋……

"桥"和"船"在哪里

日复一日，年复一年。

困难和挑战一个接着一个，坚守的信念却没有丝毫减弱。

经过一段时间的探索，陈钢和他的伙伴们审时度势，果断地将主攻方向，从"面型缺陷"转到了工程应用更为广泛、理论基础更为薄弱、潜力挖掘更为突出的凹坑、气孔、夹渣等"体积型缺陷"，开辟了全新的研究领域。

"七五"期间，他们首先在线弹性范围内研究"体积型缺陷"对压力容器结构强度的影响。荧光闪烁的计算机房里，两台电脑"不知疲倦"地飞速运转着，谢铁军等人精心编制相关分析软件，针对不同压力容器和缺陷组合，展开了日夜连轴转的海量计算和分析。忙碌有序的实验室中，在与陈学东、徐佩珠、沈雪萌等人测试研究的相互印证下，一系列图表图谱、计算公式和初步评定方法接踵而至，不仅取得了有价值的成果，也让深入研究露出了希望之光。

"八五"期间，陈钢和他的伙伴们尝试运用塑性极限与安全性理论，探索解决压力容器实际问题的方法，以期最大限度地挖掘材料的承载潜能，解放更多的缺陷。

尝试，一开始就尝到了"苦涩"：既没有研究工作必备的方法，更没有针对复杂问题进行相关计算的手段。

由于弹塑性理论的复杂性和大规模数值计算的无限性，限于当时计算机的能力，计算时要么规模过大，要么时间过长，绝大部分计算目标无法实现。

计算之"河"暗流涌动！到达彼岸的"桥"和"船"在哪里？陈钢开始了漫长而又执着的追寻。

国内外有关理论教科书，他"啃"了一本又一本；国际前沿最新科研成果，他"解剖"了一个又一个；著名大学和权威科研机构，他走访了一家又一家……从德国学习进修回国后，他师从我国著名塑性力学专家、清华大学教授徐秉业，系统补充自己的理论短板，专攻相关高效计算方法。

好不容易，他提出了一个颇有意义的数字计算方案。没想到"行船偏遇顶头风"，一个大规模的数学规划问题一时无法求解。

在攻坚的关键时期，一连两周，他白天在实验室尝试各种算法，晚上在烛光下冥思苦想，熟睡中也在寻求突破。但还是一直没有理出个头绪。

日以继夜，夜以继日。眼熬红了，头想疼了，人累瘦了，必胜的信心和冲劲始终没有改变。他坚信：必须要突破，一定能突破！

一个万籁俱寂的深夜，陈钢突然从睡梦中惊醒，脑海里忽地打开了一扇顿悟的窗户，一种新的计算方法伴随着灵感喷涌而出……

他披衣下床，梳理整体思路，记下关键要点。第二天一大早，他迫不及待地拿着那张夜里的记录纸，急匆匆地冲进了实验室，飞快地打开计算机，兴奋地完成了计算软件编程的最后冲刺。

此后，陈钢、谢铁军他们针对压力容器和缺陷的各种组合展开了系统性、大规模的计算与研究：跟踪塑性变形过程，分析塑性失效机理，探求缺陷影响规律……一个个奇妙的数据，牵引出了难得的奇思妙想。

心往一处想，劲儿往一处使！陈学东、徐佩珠上阵了，徐秉业、刘应华参战了，沈士明、周昌玉加入了……以他们为代表的来自合肥通用机械研究所、清华大学、南京化工大学等单位的研究人员，发挥各自的优势，从多方面展开了相互印证的协同研究。

就在大家满怀期待，成功完成绝大部分计算和试验之际，新的"拦路虎"又给了他们当头一棒：通过大量计算获得的数据和图表，表面看起来很诱人，却在工程上难以直接应用。原来，要想发挥研究成果的最大价值，必须将计算结果转化为简单明了的工程计算方法。

然而，"简单明了"的背后，可是一连串的"不简单"！

一段时间，陈钢朝思暮想，脑子里全塞满了工程方法研究的要义，直想得吃饭不香，睡觉不安。一连十多天，他绞尽脑汁地进行各种参数组合。一次不行，两次；两次不行，三次……但结果还是不理想。

又是一个难得的星期天，又是那间温馨的斗室，陈钢在家中摆开了攻坚的战场。他一打开在德国进修时自费购买的计算机，脑子便随之高速运转起来。

一次次多组合参数的数据拟合，一条条光滑的曲线连接起无数个神秘之点。突然，屏幕上闪现出了一个格外引人注目的表达方式，眼前忽地一亮，他即刻抓住这个闪光点进行反复比较验证，意外收获了一个特别简单实用的计算公式。

运用这个单参数公式，所有复杂的计算结果都能简单明了而且偏保守地表达出来，其中很多缺陷用这个单参数就可以直接判断，收到了立竿见影的效果。

一个个难题突破了，一朵与众不同的科研之花盛开了：压力容器体积型缺陷安全评估方法找到了，材料的塑性潜力挖掘出来了……

这项成果获得了国家科技进步二等奖，达到国际领先水平。

该成果后来被国家法规标准采用。一经广泛应用，不仅一下子解决了凹坑等体积型缺陷评定过于保守或无标可循的难题，也为表面和近表面面型缺陷打磨清除后的评估提供了有效的办法，解除了众多设备的不危险缺陷，避免了大量盲目维修造成的麻烦和浪费。同时对其余少数确有危险的缺陷，则进行有针对性的处理。这样既排除了安全隐患，又保障了经济效益。

"绊脚石"开溜了

一鼓作气！

在陈钢和他的伙伴们善于标新立异的头脑里，又刮起了新的风暴："九五"期间针对工业压力管道，"十五"期间针对弯头、三通等管道元件，开展局部减薄和未焊透等缺陷安全评估技术研究，排除埋藏在老百姓身边的"定时炸弹"。

当时，由于历史的原因，我国压力管道安全方面存在"两座大山"：既先天不足，质量大都比较低劣，大约80%的管道存在严重的焊缝缺陷，又后天失调，缺少规范的维护保养。同时缺乏有效的缺陷检测和安全评估技术，隐患难以排查、评估和消除。

一时间，事故频发，损失惨重，对安全监察和生产安全造成很大困扰。80多万个企事业单位、2000多万户城镇居民的人身和财产安全，受到了影响甚至威胁。

一想到这些，陈钢和他的同事们便心急如焚！深感责任之重大，使命之神圣！

与"八五"期间压力容器缺陷研究相比，压力管道的受力更复杂，载荷与缺陷组合更多样。因此，数值计算的复杂性和规模陡增，试验测试研究也更为困难。

"咬定青山不放松"！在"八五"科研团队的基础上，一批新毕业的博士也加入攻关研究。于是，数值计算方法在改进完善，大规模计算方案在不断优化，实物容器试验也在有条不紊地推进。

陈钢和贾国栋、孙亮、左尚志等人，具体承担计算软件的开发应用、大规模塑性极限载荷的数值计算与理论分析。他们查机理，找规律，探寻工程计算方法，在完成了2500多例复杂计算和典型试验验证之后，眼看胜利在望，更为艰巨的难题找上门了：虽然成功地获得了针对性很强的计算公式，但是需要预知管道内力。由于压力管道系统的复杂性，计算内力难度较大，成本较高，在一定程度上限制了该计算公式的应用。能否找到新的办法，成为研究成果能否在工程中广泛应用的关键。

为此，紧张的二次攻关拉开了序幕：大家白天补充计算，分析结果；晚上集中讨论，广开思路；深夜回家带着问题思考。尽管脑洞全开，但仍一筹莫展。

还是在一个夜深人静的夜晚，在陈钢家一个幽静角落的微光之下，他沉心静气，将一张张数据表和曲线图放在茶几上反复观察，分析国内外不同常规设计规范的设计方法和准则，梳理与同事们讨论的细节。关联、沉思，再关联、再沉思……冥思苦想中，一个巧妙的方法慢慢地浮现在脑海，并且逐步清晰：运用常规设计准则确定最大允许内压和弯矩内力组合，如果获得的带缺陷管道的塑性极限载荷高于此组合，就是安全的，相应的缺陷就是允许的，不需要计算内力！

方法终于找到了！他兴奋不已，彻夜推导并画出符合设计规范的允许内力组合曲线，同时与每张计算结果图表对比，给出了无须计算管系内力、免于评定且非常简洁的缺陷容限尺寸表。

第二天一早，他带着这个创造性构思和初步的分析结果与同事们讨论，焦急等待的同伴看到纸上那张犹如定心丸的缺陷容限值简表，一个个兴奋得差点跳了起来。

深层次的探索中，他们几乎到了忘我的程度。除肩负的日常工作外，眼里除了科研还是科研，家里的大小事情几乎抛到了九霄云外。

有个周末，陈钢家人因故无法到幼儿园接孩子，他好不容易"表现"了一回，挤出时间把女儿接到办公室。哪知一忙就忘记了女儿的存在，直至半夜时分，他才想起女儿还在办公室。跑过去一看，懂事的女儿和衣坐在椅子上睡得正香……

　　不知熬过了多少不眠之夜，不知经历了多少艰难困苦，一个个沉重的绊脚石，终于在坚韧不拔的毅力面前"开溜"了。含局部减薄与未焊透缺陷压力管道安全评定方法，带着创新的元素"报到"了。

　　该办法更上一层楼，在获国家科技进步二等奖的同时，一举达到国际领先水平，令国外同行们刮目相看。

　　该办法解决了压力管道评价的关键技术难题，解放了一大批管道的超标缺陷，有效地治理了大量突出的安全隐患，让一颗颗日夜悬着的心终于放了下来。

好一首"大合唱"

　　在勇攀特种设备科技高峰的道路上，有多少人在挥洒着汗水！有多少专家在贡献着智慧！

　　人们清楚地记得李学仁开拓的新路子：当年作为劳动部锅炉压力容器安全监察局总工程师，他组织相关科技人员，就我国锅炉压力容器存在的突出问题，展开系统深入的调查论证，促成"在役锅炉压力容器安全评估与爆炸预防技术研究"纳入国家"八五"科技攻关计划，在特种设备领域实现了零的突破。后来，在任中国特检院总工程师期间，他组织近百名专家学者，按照开放竞争、自由组合的方式，就"八五"攻关的目标、任务、技术路线等，开展了进一步的系统论证，确定了9个方面的主攻方向，并为协同攻关进行了有效的组织管理。

　　人们还清楚地记得钟群鹏刻下的新足印：作为北京航空航天大学教授，他勇挑"八五"攻关课题"综合安全评定方法研究"专题负责人重担，牵头组织4个缺陷评定相关专题成果综合集成。他还组织众多专家出色完成了国家标准《在用含缺陷压力容器安全评定》研制任务。该标准采用既有中国特色，又具备国际先进水平的技术路线，在实际应用中收获了重大的经济社会效益。

还有分别牵头组织9个专题研究的10位专家，让胆识、学识与协作同频，升起了一道道引人入胜的新"彩虹"。

陈钢当时作为年轻骨干，在著名专家、教授、学者大家风范的感召之下，协助李学仁、钟群鹏等人，分别开展了特种设备领域"八五"攻关大课题的组织工作，并在多项关键安全评定成果的综合集成中发挥了作用。

从此，陈钢的思路更开阔了，跨越的横杆升得更高了。"九五""十五"期间，他与陶雪荣、沈功田、丁克勤等人，将攻关的锐利目光，投向了"横向延伸"和"纵向深入"的新目标：横向上，从压力容器延伸到工业管道和埋地管道；纵向上，从缺陷检测延伸到在线检测、不开挖检测，从常态安全评价延伸到典型腐蚀环境和高温环境下的安全评定与寿命预测。

渐渐地，"三个关系"逐步理顺了：安全性与经济性、先进性与可靠性、理论性与工程性相得益彰。

渐渐地，"三位一体"的工作模式开始形成了：科学研究、工程应用与标准制定有机地融为一体。

渐渐地，产、学、研加"官"的组织方式建立了，全国特种设备科技协作平台运转了。

就是在这样一个"继承、创新、超前"的组织平台上，全国约有

142家单位的642名科技人员，携手贡献着自己的聪明才智。一首震撼人心的科研大合唱，以其优美和谐的旋律，响彻在神州大地的多个实验室和检测现场！

瞄准在线检测和不开挖检测，瞄准安全评定、风险评估和寿命预测，经过20多个春秋的风雨洗礼，成百上千次的奋勇攻坚，120多项关键技术难关攻克了，90多项重大技术成果系统集成了。

人们激动地看到，一个特别的空白点消失了：科研人员创造了我国首个压力管道评定方法，完善了压力容器评定方法，突破了长期困扰我国安全监管和安全生产的重大技术难关，总体上达到或接近当时国际先进水平，多个方面达到国际领先水平。

人们惊喜地看到，一道顽固的难题破解了：在压力容器和工业管道缺陷检测、监测方面，大幅提高了缺陷的检出率和检测监测精度，建立了多种优化组合方式，突破了我国工程检测中长期存在的瓶颈。其中，部分超声波定量检测、声发射检测等技术，达到国际先进水平或领先水平。

人们兴奋地看到，一个令人头疼不已的燃眉之急缓解了：在埋地管道不开挖检测与风险评估方面，通过对国外先进技术和方法的消化吸收，形成了相应的检测评价能力和基础数据，扭转了我国燃气行业长期被动应急的局面，并为深入研究打下了良好的基础。

……

一项项成果，先后在石油、化工、电力、燃气、军工等行业的数千台锅炉及大量压力管道中得到成功应用。从而，更多缺陷被及时发现了，绝大部分不危险的缺陷被解除了，少数危险性缺陷风险消除了。既保障了生产和生命财产安全，又避免了大量不必要的报废、返修，尤其是避免了停产损失，取得了重大的经济效益和巨大的社会效益。

别具一格的"大合唱"，"唱"出了中国特种设备人心灵深处的最强音！"唱"出了令人振奋的成果和效益！"唱"出了中国特种设备科技史上的新篇章！

"声"里寻它千百度

2017年8月，那个令人魂牵梦萦的夜晚，悬挂在浩瀚无际天幕上的满天繁星，深切地注视着一个历史性事件的诞生——国际无损检测标准化技术委员会，正在互联网上举行声发射分技术委员会主席的竞选活动。

该委员会成立40年来，坐过这个位置的，无一不是发达国家的权威专家。

此次竞选，难道又是"原声"重现吗？

投票环节开始了。来自世界31个成员国的代表，毫不犹豫地把手中神圣的一票，不约而同地投给了一位中国专家——大名鼎鼎的沈功田。

从此，中国人在无损检测标准世界性专业技术组织的任职，实现了"零"的突破。

身为中国特检院副院长、研究员的沈功田，之所以被众多的国外同行认可，靠的是他在声发射领域孜孜不倦的追求，靠的是让人眼前一亮的一系列科研成果。

神奇"听诊器"

1986年，刚从武汉大学研究生毕业的沈功田，一分到中国特检院，便迷上了国外刚刚兴起的声发射技术。

声发射是一种常见的物理现象，各种材料都会存在声发射信号。大多数材料变形和断裂，均有声发射现象出现，但人耳不能直接听见。因此，压力容器出现类似缺陷，往往难以有效检测和判断。我国数十万台压力容器就是由于这个原因，正在遭受严重的焊接等缺陷的煎熬。它们在大声"呼救"！

"呼救"，在沈功田的心海激起了层层波澜。一头扎进资料堆里的他突发奇想：要是能研制出像听诊器一样的仪器，通过准确的声音信号，诊断设备的"病痛"，既省事又省钱，那该多好！

但是，在声发射检测技术上，我国落后发达国家整整10年。要想迎头赶上，可谓难上加难！

初生牛犊不怕虎！

说干就干！他钻理论，搞试验，做论证，从检测机理到标准制定，再到仪器开发，一步一步地向前推进。

然而，"拦路虎"好像故意作对。失败，一次接着一次。数十次的失败打击，丝毫没能动摇他和同事们的信念与意志。他们甩开膀子干得更欢了。

关键时刻，沈功田在实验室里一连干了四五个通宵，有时连饭都忘记了吃，甚至连水都顾不上喝一口。走出实验室时，他的双眼充满了血丝，两条腿也有些不听使唤了……

沈功田就是这样，为了完善一个细节，为了弄准一组数据，哪怕吃再大的苦，受再多的累，也要冲到最前线，不达目的不罢休。

有一次，为了寻找一个异常信号，他攀上了高达20多米的起重机臂，顶着烈日一干就是好几个小时。

有一次，为了监测一个疑点，他冒着严寒盯在寒风刺骨的现场，脸上冻得发乌也不肯离开。

有一次，为了赶时间弄准一个检测数据，他放着好好的大路不走，偏要抄近路奔波在崎岖不平的山路上。

……

功夫不负有心人！

在沈功田和同事及协作单位的知难而进中，一只只"拦路虎"悄然让路了：1995年，"模态声发射检测仪"问世了。

不自满，再干！一道道难关举手投降了：2002年，全新的"数字声发射检测仪"露面了。其水平与国际上同类仪器不相上下。

不自满，继续干！一座座险峰悄悄低头了：2014年，具有世界先进水平的"多通道远程无线声发射检测仪"奉命报到了。

不自满，加油干！一个个障碍狼狈不堪地逃跑了：2018年，具有国际领先水平的"物联网式声发射监测仪"，站在新时代的技术潮头开怀大笑了。

4代神奇的仪器各显其能，赢得了来自用户的一片赞扬声："好用，适用，管用！"

它们犹如超级听诊器，用起来方便，"听"起来准确，可排除大量噪声干扰，定位精度达到了令人难以置信的0.1米，甚至对运动中的可疑信号也能牢牢抓住。

更为可喜的是，支撑这些仪器的声发射检测技术达到国际领先水平。与之相关的标准，也被世界标准化组织批准为国际标准。

从此，我国压力容器等设备的检测手段产生了一次难得的变革，检测水平也跃上了一个前所未有的新台阶。

超级"透视眼"

面对鲜花和掌声，沈功田和团队成员在短暂的喜悦之后，便收起了脸上的笑容。

他们创新的思维，飞向了一个又一个检测现场：运用传统的检测方式检测，必须停机、停输、停产，多少人为此愁眉不展。停机一天，少则损失几百万，多则损失几千万，甚至几个亿……这样岂能满足我国能源需求的急剧增长？岂能不拖高质量经济发展的后腿？

一时间，他们的耳畔，回响的尽是"不敢停，停不起"的焦虑之声，尽是改革检测方式和方法的呼唤。

一时间，他们的胸中，充满的总是创新的冲动："我们是为国家做事的人，关键时刻就要挺身而出，为国家和企业分忧。"

于是，他们永不满足的目光，毅然决然地盯上了又一个更加艰难的目标：运用电磁检测新技术创新检测方式。

隆冬时节，寒风无情地抽打着实验室的窗户，一个个疲惫的身影又在挑灯夜战；盛夏之际，火辣辣的太阳烤得大地直冒青烟，涔涔汗水，湿透了他们的前胸后背……

好不容易，一个个堡垒攻克了，电磁检测技术及仪器成形了——如同超级透视眼，它能为特种设备做CT、做B超、拍X光片，能透过腐蚀层看清设备内部的状况；还可以透过保温层、油漆层查找裂缝和缺陷，甚至还能不受高温、低温限制，抓住深层的设备隐患。

就是这项特别的成果，又一次坐上了国家科技进步二等奖的头把交椅，创造了对压力容器等设备不停机、不停产检测的新模式。不仅节约了大量经费，而且使不少设备的不停车时间一下子延长到6至9年。

就是这项特别的成果，又一次使中国人扬眉吐气：依据其制定的相关标准，成为国际标准。世界上不少国家在检测中，也用上了这项先进而又实用的技术。

拟人"瞭望台"

来不及喘息，沈功田和同事永不满足的目光开始瞄准下一个目标。

2016年初冬的一天，淅淅沥沥的小雨为深圳欢乐谷景区罩上了一层神秘的面纱。冒着阵阵凉意，功田一大早便来到欢乐谷的过山车旁，对正在研制的"大型游乐设施健康管理方法及平台"进行验证。

触景生情，他又一次想起了这项研究的特殊背景……

多年来，我国乃至世界很多国家，对设备的检验结论除了合格，就是不合格。但是，沈功田在实践中发现即使是"合格"的设备，也存在着一些不安全的因素，而且有可能随时出现"恶化"。

"这样的检验分级不科学！"他大胆地提出了质疑，并开始探索新的检测评价方法：将特种设备由静态安全管理转变为动态健康管理。

转变，并非易事！

熬过了多少不眠之夜，设计了多少指标，制定了多少方案，就连计算机最强大脑的记忆也早已模糊不清了。

但它却清楚地记得，一个魁梧的身影，曾经闪现在闷热难耐的球罐，跃上了飞架云海的索道，穿越过狭窄难行的小道……

失败，总结，改进……

一束束希望之光，开始在希望的眼神中闪烁！

他们从人体健康管理方法中得到启发，提出了以大型游乐设施为代表的大型机械设备系统健康管理理论，并将设备的健康状态分成了4个等级——健康、亚健康、微病态、病态，首次打破了检测结论不是"合格"就是"不合格"的二维判定模式。

紧接着，一个专门实时监测大型机械设备的健康管理平台，破天荒地开始"伸枝展叶"……

一闪而过的画面，让沈功田的神情顿时多了几分坚定！

他又盯住了那个可疑的信号。

一连几天，功田和同事们几乎天天为深圳欢乐谷过山车做"心电图"，但因为运行中的设备干扰信号强，有一个可疑的信号怎么也抓不住。

一向不放过任何疑点的沈功田，不顾大家的好心劝阻，执意冒雨爬上过山车距地面七八米高的一段轨道，亲自布探头，安仪器……

谁知检测了一次又一次，可疑信号好像故意和他捉迷藏，不知躲到了什么地方。

中午 12 点已过，他俨然忘了吃午饭这件事，一心专注着排除疑点。直到下午一点多，他终于抓住了那个狡猾的可疑信号。

如释重负的他拿起一块面包，狼吞虎咽地啃了起来……

一次次地验证，一次次地完善。2019 年，我国首个大型游乐设施健康管理平台终于建成。经模拟和实地监测，故障发现率达到了百分之百。

"声"里寻它千百度！又一份完美的答卷，书写了中国特种设备安全管理史上崭新的一页。

浪花中飞出"降龙曲"

隆冬季节，杭州湾宽阔无垠的海面上，飞溅的浪花奏起了欢快而又雄浑的乐章。

2018 年 12 月 15 日上午，我国自主研发的高清管道内检测器，正在甬沪宁长输原油管道中执行海底检测任务。

伴随着"嘀"的一声蜂鸣，运行了 13 个小时的检测器顺利进入收球筒，收球装置成功地将管道内检测器从收球筒中缓缓移出。

确认管道内检测器完好无损、检测数据完整有效后，现场总指挥郑重宣告：我国首次海底长输原油管道内检测任务成功完成！现场顿时爆发出雷鸣般的掌声。

这项国家管网储运公司创造的具有国际领先水平的技术，一举打破欧美检测公司的技术封锁，填补了国内空白。

现场激动人心的这一幕，让国家管网东部储运公司总工程师刘保余的思绪不由得飞到了9年之前……

问号变成惊叹号

2009年，中石化将海底管道内检测技术研发列入重大科技创新项目。作为技术领军人物，刘保余带领团队迈开了坚实的步伐。

长期以来，海底管道内检测技术一直被国外检测机构垄断，国内尚无成功技术和经验可以借鉴。

检测器磁化系统采用何种结构，成为摆在团队面前的第一道难关。一开始，学习和借鉴国外先进技术，英美国家采用轭铁式励磁结构，多次试验后却发现检测器通过性差，结构精密度要求较高，且容易对管道内壁造成损伤。经过数次改进，轭铁式励磁结构对管径、管材适应差的问题，仍未得到解决。

"改用钢刷励磁结构试试！"刘保余带领团队"钻"进了试验中。

技术主管刘俊甫和这些问题较上了劲，走路时想，吃饭、睡觉时都在想。有时饭吃到一半就突然愣在那里，妻子喊了几遍都没有回应，孕中的她一度很紧张，怀疑他是不是中了邪。

团队里，还有一位54岁的刘先东，也接受了管道内检测器机械设计的艰巨任务。

终于，这个难题解决了，下一个难题更难了！

当采用小型试验检测样板缺陷时发现，小于10毫米的缺陷检出率很低。内检测标准上并没有规定小于直径10毫米的针孔型缺陷的检测精度指标。业内也认为，漏磁检测技术的短板就是无法有效识别针孔型缺陷。

"突破这个瓶颈！争取准确识别出直径5毫米以上的缺陷。"保余他们沉浸在数字与试验的频繁变换之中。好不容易，"识别不出"的根源找到了：检测探头有关元件的间距太大。要想提高检测精度，就要缩短间距。

"一个20毫米宽的探头里怎么能装下10多个元件呢？"新的疑问在刘俊甫脑子里反复闪现。

建模，试验，检验……疑惑的问号变成了大写的惊叹号。

增加一个元件达到预期了，再增加第二个……最终将探头内的元件数量增加了一倍，通道数量也增加了一倍，通道间隔降低至4毫米。再次试验时，5毫米的针孔缺陷检出率达到了90%。

从2009年到2018年，为校准实验室数据，建立有效数据模型，研发团队一直奔走在山野中、风沙里。乱石密布的深山里没有路，只能从石头缝间的灌木丛中深一脚、浅一脚地挪过去。

一次，刘俊甫、徐海林、刘劲松、张爱兵、陈峰一行5人，每人扛着重达10公斤的仪器，步行在仪长管线黄梅至大冶段执行试验任务。返程路上，老天爷变脸了，瓢泼大雨从天而降。泥石流裹着砂石，连人带树都能一起冲走。雨水打得人眼睛都睁不开。只要一不留神，就有可能葬身在这荒郊野外。

一个踉跄，徐海林摔倒在泥坑之中，肩上扛着的设备也被甩出四五米远。顾不上站起来，他就连滚带爬地回去找设备，好不容易找到后，他将设备像宝贝一样揣到了衣服里。

天渐渐暗了，他们不断变换姿势，一步三滑，蹒跚前行。汗水夹杂着泥水顺着头发、衣角一个劲地往下滴。咬牙坚持行走一个多小时后，终于遇到前来救援的同事。

设备上车安置妥当后，脱下鞋子倒掉灌满的泥水，徐海林才发现自己的膝盖被乱石划破了，殷红的血已经渗透裤子……

经过反复核算、上百次的试验和校准，2010年，陆地管道内检测器在鲁宁线原油管道成功运行了。

扬起击浪的风帆

归零，重新起步。

2010年，刘保余研发团队的"战场"，从陆地走向了海洋。

走向深海，更加困难重重！且不说装备保障能力不足，仅险象环生的海洋环境，就足以让人喘不过气来。

从钢刷密度到磁场强度，从材料强度到钢架直径，从皮碗阻力到运行动力，每一项都是探索和创新。管道内检测器"综合素质"的提升，是从一根钢刷的长短、一个探头的大小、一根数据连线的粗细等细节开始的。

有别于陆地管道，海底管道壁厚几乎是陆地管道的两倍。在试验场里，"水土不服"的问题出现了：模拟凹陷易致检测器卡顿，且原有的磁路设计和磁场强度，无法满足海底管道的磁化效果，检测参数精度不足。

仲夏时节，早过了下班时间，刘俊甫却依然席地坐在海边。耳畔，海浪像冲锋的号角放声呐喊着，拼命地撞击着海岸，也撞击着他紧绷的神经。眉头紧皱的他，脑子里不时闪现出管道检测器被卡堵的画面……

几个小时过去了，他依然没有头绪。

想着想着，他突然找到了突破口，兴奋地从沙滩上跳了起来，抓起电话连夜通知团队人员讨论方案。

夜深人静，大家越议越兴奋："改善内检测器结构，减少皮碗阻力，缩小钢制骨架直径""采用磁场更强的磁极增加磁力，先建模推演"……

碰撞，产生了新的火花。大家走出房间时，天边已经泛起了鱼肚白。

乘势而上，研发团队入水探海，对风浪中的管道变形卡堵、异物卡堵和涡激振动失效等风险因素，进行试验、记录和分析。

在乘风破浪的几年里，他们收集、分析了数百组建模支持数据。一个建模可能就要耗费团队半个月的心血，这样的建模他们可是做了上百次。

眼看着刘俊甫他们案头的资料越堆越高，屏幕前的眼睛越盯越近，脑袋上的头发越来越少……

经过反复建模模拟推演和现场检测验证，"管道游龙"成功"瘦身"，可以在海底长输管道中畅行无阻了。

大海涛声不依旧

克服了"管道游龙"在海底"游"起来的问题，研发团队接着又为其"脑袋灵，看得见，读得准"花了一番功夫。

"存在变形缺陷，定位精度不够！"海底数据校准时，大家最不愿意看到的一幕发生了。

"是检测数据失真了吗？是检测信号异常吗？是判读人员经验不足的误报吗？"一连串的疑问浮现在刘保余的脑海里。

团队的气氛瞬间凝重了。无法准确定位海底管道"病灶"，就无法对症下药。可茫茫大海之中，要找到一个小小的缺陷，其难度犹如大海捞针一般！

消除隐患是安全运行的保障，而精准识别与定位缺陷，则是承上启下的关键环节。

陆地管道缺陷定位，一般采用磁标记埋设或者地面标记器等方式。每公里进行一次设标，才能保证定位误差在10米之内。

海底管道的设标本身就是一个技术难题。要在杭州湾这样浪高水急的海域设标，更是难上加难。

怎么办？大家把目光投向了刘俊甫。

"找出关键影响因素，继续校准实验室数据。"简单的要求，变成了复杂的行动。

天气好的时候，他们争分夺秒租船出海收集数据。以怒潮著称的杭州湾，时常掀起狂风巨浪。遇到这种天气，晕船药已经起不了大作用，有人刚吃进肚子里的食物立刻夺腔而出。不一会儿，黄绿色的胆汁也吐出来了……

乘风破浪，谁也没有退缩！

历时大半年，终于找到了新的计算方法，解决了缺陷参数精度不够的问题，找到了关键影响因素，突破了准确识别和定位海底管道缺陷的技术。

现场验证时刻，大家几乎屏住了呼吸。

"配重层破损，管道变形，定位误差15米。"潜水员在海底发出验证情况报告。

"成了！"熬红了双眼的刘俊甫高兴地喊了起来。

作为检测员的"眼睛"，他们新研制的检测器，既能看清最小长度5毫米、最小深度0.5毫米的腐蚀和机械划伤缺陷的"微小内伤"，又能看准"病灶"位置，还能知晓海底管道应力异常和管道漂移情况，且数据反馈准确率达100%。缺陷定位精准程度，可以与世界顶尖检测水平相媲美。

听到身姿矫健的"管道游龙"穿梭管道时发出的"吱吱"之声，刘俊甫和同事们脸上溢出了幸福的笑容。在黝黑皮肤的衬托下，白白的牙齿格外引人注目。

胸中有颗燃烧的心

太阳刚刚露出了笑脸，陈金忠却怎么也笑不起来：研制油气管道检测智能设备又遇上了难题。他的双眉开始紧锁起来……

正在这时，突然传来了"咚咚"的敲门声。开门一看，是爱人和5岁的小女儿，带着好吃的东西来看他了。

女儿飞快地跑上前抱住了他，一下子哭了："爸爸，您好久没回家了，我想您！"金忠眼中也情不自禁地噙满了泪花。

原来，为了排除科研中的突发问题，他一连20多天都吃住在单位，偶尔只能和家人通个电话。

"干工作就要全身心地投入，不能有半点懈怠和应付。"这是陈金忠刚跨入单位大门时就埋在心底的愿望。他是这样想的，也是这样做的。

不蒸馒头争口气

2009年，从中国石油大学博士毕业的陈金忠，应聘到了中国特检院。第一次到某管道检测现场，他就感到胸口一阵阵地发痛：清一色的进口设备仿佛在"耀武扬威"，外方人员几乎个个趾高气扬。检测完毕后，只给结论，不给数据，以致有些设备的毛病无法完全排除。

面对此情此景，这位从甘肃黄土地上走出的七尺男儿，顿时产生了特别的冲动："我要为中国人争口气，做出自己的检测仪器来！"

恰在此时，院领导让他牵头组建油气管道智能检测技术团队，负责研制油气管道内检测器——"管道猪"。

他兴奋得像打了鸡血一样，没日没夜地干开了。

一开始，难题就给了他一个下马威：在变幻莫测的模拟实验中，电脑上代表磁场的信号忽强忽弱，飘忽不定。小陈把自己关在屋子里弄了好几个晚上，仍然是丈二和尚——摸不着头脑。

搜肠刮肚之际，他的脑海突然蹦出了业内知名专家武新军教授的名字。当天晚上，他就登上了南下武汉的列车，前往教授所在的华中科技大学。

真是"听君一席话，胜读十年书"。武教授的一番高论，让陈金忠茅塞顿开。连夜返京后，他迫不及待地打开电脑，按照新思路仿真演示检测中的辅助探头。

1遍2遍，眼前"迷雾"重重；

5遍10遍，脑子里仍是一团糨糊……

"雾"里看花，金忠放慢节奏，调整方式，一遍遍地对之前的模拟画面进行回头看，睁大眼睛捕捉每一个细微之处……

忽然，他的眼前冒出一点异样的光亮：探头上面的磁片产生的磁场瞬间发生变化，随着缺陷的出现慢慢减弱。

如获至宝！小陈带着这个新发现，一口气模拟验证了近两个月，终于弄懂弄通了辅助探头检测的基本规律：没有缺陷时，磁场无变化；检测遇上缺陷时，磁场就会出现减弱现象！

此时此刻，陈金忠的心里就像大热天里吃西瓜——甜滋滋的！但被饥一顿饱一顿折腾的肚子，却发出了"咕咕咕"的抗议声……

触类旁通！其他相关原理也纷纷露出了庐山真面目。紧接着，更为紧张的试验和论证，迎着新的难题展开了。

陈金忠选择不同尺寸、不同结构的"管道猪"定型，搭建真实环境进行测试。

经过上百种类型的比较测试后，有一天他猛地发现，自己埋头苦干，却犯了一个方向性错误：追求大尺寸、强磁场。结果适得其反，磁场越强，越不利于检测。

一不做，二不休！

他索性将原来的方案推倒重来，按照磁场的强、中、弱3种模式，在北京顺义的一个临时基地进行新的试验。

时至严冬，呼啸着的北风像狮子一样狂吼，连暖气也没有的简陋平房里冰冷刺骨，金忠穿着棉大衣都冻得直打哆嗦，有时连手也冻得不听使唤，但他和同事们搓搓手、跺跺脚，强忍着酷寒的折磨，继续进行各项试验。

设计，仿真，加工，测试……

失败，改进，再失败，再改进……

终于，一道道难关排除了，用于检测的"管道猪"也有模样了。

捅破那层"窗户纸"

为了验证"管道猪"的性能，炎热的盛夏，陈金忠和张庆保等人，抬着重达四五百公斤的设备，在北京远郊的一块泥巴地上搭建平台，进行模拟操作。

仪器进入管道了，他们的心也开始提到了嗓子眼。

1米，2米，3米……突然，显示屏上的信号灯闪出了绿色的光芒，仪器顺利通过拐了弯的预设管道。

"成功了！"几位年轻人高兴得手舞足蹈，挥动着沾满泥巴的双手击掌庆祝。但"通过管道"，这只是研制的长征走完了第一步！短暂的兴奋之后，他们便向"检测准确性"发起了新的冲锋。

难题一开始就反复作难：先是设备进入管道检测的距离不准，不是长了，就是短了；紧接着，检测到的缺陷与实际情况不符，不是深了，就是浅了……

陈金忠的心海，时而撞击出飞溅的浪花，时而宛如一汪清泉，在沉静中积蓄着突破的力量。

一连几天，他带着问题寻找答案，几乎天天"泡"在母校中国石油大学的图书馆。

大部头，小册子，活页文选……

他如饥似渴地翻着，看着，摘抄着。

好几次，图书馆的其他人都走了，要闭馆了，看书入神的他却一点也没意识到。之前不忍惊动他的管理人员，不得不发出善意的提醒。

冷静的学习和研究之后，陈金忠钻进了定位信号跟踪的谜团之中。一阵阵浑厚的"滴滴"之声，时而清晰，时而混乱……有时信号发出的时间误差仅1秒，管道的定位却一下子差了好几米。

一遍遍地深入琢磨，一次次地对照资料找漏洞，他终于捅破了那层"窗户纸"：单靠磁场技术，满足不了定位准确性的要求。必须追加鉴定频率技术，使二者形成融合共振。

一试再试，果然见效：信号谜团解除了，缺陷定位精准了，陈博士脸上的笑容灿烂了。

干事就要有干事的样子

一个个硕大的问号，先后被小伙子们用智慧和汗水拉直了，有时"直"得就像大漠深处的孤烟一样……

"大漠孤烟直，长河落日圆。"

荒无人烟的茫茫戈壁滩上，金忠和同事们正在用自己研发的"宝贝"，实地进行验证，检测217公里长的天然气管道。

20多个日日夜夜，他们吃住都在车上，渴了喝点矿泉水，饿了啃口干面包。严重的高原反应，让站着都想睡觉的他们，却怎么也不能入睡，头钻心似的疼痛，胸口一阵阵发闷……尽管如此，没有一个人叫声苦和累，更没有一个人放下忙碌的双手。

当他们带着几周没洗澡的一身馊味，带着一丝丝忐忑不安的心情，处理完最后一组数据时，一道道沾满飞尘的眉毛终于舒展开了：检测效果完美，缺陷识别准确率90%以上。

马不停蹄，迎着早春的清风，陈金忠选择大壁厚、大排量的塔里木油田地下管道，让"襁褓"中的"管道猪"接受复杂环境的严峻考验。

就在他到达油田附近的新疆库尔勒机场，刚一打开手机时，铃声就急促地响起来了。电话那头，传来了千里之外姐姐焦急的声音："父亲出了车祸……"

金忠脑子"嗡"地一下，神情立即紧张起来。

原来，远在甘肃武威的老父亲外出买菜时，被一辆违章汽车撞倒在地，脸上鲜血直流，浑身动弹不得。

怎么办？回家吧，实验在即，刚到此地就离开，影响多不好！他强忍着担忧作出决定：暂不回家，请同学帮忙，先给父亲做相关检查。

结果很快出来了：父亲受的是皮外伤，外加骨折，没有生命危险！

他电话"遥控"安排好治疗事宜之后，抓紧时间查资料、看现场、探实况，直到完成"管道猪"首次复杂管道检验准备工作后，才利用假期回家看望了老父亲。

临走时，父亲千叮咛万嘱咐："你在外干的是国家的大事，一定要尽心尽力干好，家里的小事不用挂在心上。"

就是这朴实无华的话语，让陈金忠不敢有丝毫的懈怠。他一次次地告诫自己："干事就要有干事的样子和态度。"这个样子，就是持之以恒、永不自满的样子；这种态度，就是一往无前、毫不退缩的态度。

就是这种"专业主义"的样子和态度，支撑着陈博士和他的同事们走向了新的高地："管道猪"的性能不断优化，检测器的水平持续提升，达到了世界管道检测智能设备领域的先进水平。

一发不可收！

经过十多年的辛勤耕耘，陈金忠和他的同事们，收获了一个又一个令人瞩目的新成果：全新的感知技术、定位技术、探测技术报捷了；达到国际领先水平的首套管道阴保电流内检测装备建功了；适应多种复杂环境的全系列内检测机器人显奇能了……

2023年"五一"劳动节，陈金忠收获了一枚沉甸甸的奖章——全国五一劳动奖章。他感到肩负的重任更加沉甸甸了。

"小人物"撑起一片天

与那些声名显赫的院士、教授相比，身处全国各地特种设备科研一线的科技人员，只能算作不起眼的"小人物"。

然而，"小人物"的胆识不小，能量也不小，作用更不小！

智慧之光

风驰电掣的列车上，一个独自带着孩子回江苏盐城老家的小伙子，思绪仿佛又飞向了熊熊燃烧着的锅炉……

突然，一声婴儿的啼哭打断他的遐想，原来是女儿尿湿了。没想到，"笨手笨脚"的他此时真让人哭笑不得：拿出尿不湿，怎么也不会换，只好把带上的5条裤子全部用完了。最后还是细心的女乘务员，帮他解决了难题。他叫李德标，是西安特检院的科研人员。

别看生活中的他有时显得"笨手笨脚"，可在科研中的他却是妥妥的心灵手巧！

锅炉燃烧配比不合理，导致锅炉运行热效率不高，这是困扰企业的一个"老大难"问题。

德标和他的同事们，一头扎进相关企业，钻进脏兮兮的炉膛，一处处地查看，一次次地检测，终于找到了改进的关节点：排烟温度高，鼓风机风量过大。于是，确定了科学的燃烧配比量，并想办法让热效率达到了最大化。仅一家企业的4台锅炉，1小时就可节约燃气50多立方米。

看着如释重负的锅炉，鲁元博士打趣地说："钻进钻出脸就像化了妆一样，估计亲爹妈这时都认不出我是谁了！"

就是这个幽默有趣的博士，专心科研时却一脸认真。他练就了一手硬功夫，对材料的高温使用状态和锅炉寿命作出的评估，时常让人心服口服。

张建龙博士也是位有心人。在一次检测中，发现钢丝绳变形导致电梯不稳,他一反常态进行研究,运用应变片实时监测钢丝绳张力,电梯运行时张力异常就会报警提醒,乘客的一个后顾之忧及时解除了。

在他们全国各地的同行中,闪现着多少不知疲倦的刚强身影!闪烁着多少善于发现的智慧之光!

寒风刺骨的管道检测现场,一朵傲雪红梅正在尽情绽放:安徽省特检院管道检测中心主任李志宏,以女性特有的执着和认真,主持西气东输配套工程的检验,多次及时排除事故隐患,避免直接经济损失上亿元。她主持的重点科研项目,建立了一套国内领先的综合监测和风险评价模式,实现了城市天然气埋地钢制管道防腐层破损点快速定位。

崎岖不平的泥泞小道上,一串脚印正在拼命地向前延伸:浙江省特科院科研带头人郭伟灿,埋头扎进天然气长输管道经过的偏远山地,不分白天黑夜地干了整整3年,为正在施工中的管道发现和排除隐患,把自己的检测技术发挥得淋漓尽致。他针对实践中发现的问题展开攻关,在国外首次提出了冷焊的超声特征在线检测方法,成功地攻克了这一国际上公认的难题。

吊车林立的繁忙港口,一支特别的吊臂正在迎风挺立:福建特检院教授级高级工程师曾钦达犹如无言的起重机,专"吊"港口装卸的难点和盲点,他先后负责起重机安全评估与虚拟仿真验证研究项目7个,其中3项填补国内空白:在国内首次开展大型起重机经济性评估、港口门座起重机维修策略研究、大型港口起重机的安全评估与寿命预测,让起重机的安全运行有了新的"护身符"。

……

"作为特检科技人员，心中要有一把尺，时刻丈量千家万户对我们的期望值有多高；心中还要有杆秤，时刻衡量特种设备安全的责任有多重。"这是郭伟灿的深切感受，也是全体特种设备科技人的共同心声。

这心声，化作了无穷无尽的压力，锤炼着勇于担当的肩膀！

这心声，化作了源源不断的动力，鞭策着永不停息的脚步！

创新之花

模拟培训系统，智能检测系统，缺陷预警系统……

检测机器人，除锈机器人，打磨机器人……

春光明媚的特种设备科技园，一朵朵名不见经传的创新之花，正经一个个"小人物"之手尽情地开放。

在天堂之省浙江，一批神奇的机器人让人眼前一亮：特检科技人员瞄准国家重大工程建设需求，坚持不懈地攻坚克难，研制出了应用于大型承压设备作业及检测的9类机器人，以及应用于特种设备巡检和应急检测的无人机系统，从而创建了拥有自主知识产权的特种设备机器人安全检测技术，形成了方法、标准、产品为一体的完整技术体系，累计获得专利80项，多项成果填补国内空白，总体上达到国际先进水平，部分技术达到国际领先水平。

在东方明珠上海，一项新成果让人精神大振：承压设备损伤在线、离线超声监测及风险评估技术，不仅夺得上海市科学技术一等奖，而且依此成果制修订国家标准多项，形成专利25项，被国内外有关专家誉为"承压设备安全保障技术的重大创新"。

在南粤大地广东，一个空白的填补让人笑容绽放：一个基于电梯安全风险的系列检测设备研制及关键技术研究，首次实现了在用电梯层门强度、轿门开门限制装置强度等方面的现场快速、准确检测，填补了国内外空白。研制的电梯控制柜检验系统，首次实现了在实验室环境下，对多种电梯控制柜模拟实际运行工况进行检验，能在产品出厂前就找出安全隐患。该成果在短短3年里，被150多家企业应用，其中10多家电梯制造企业分别创造销售收入数千万元。

大江南北，长城内外，还有"小人物"创造的一批实用性很强的特种设备科技成果，让人心潮涌动：

安徽等地的不少用户，纷纷点赞一种新方法：它能准确地捕捉和治愈电站锅炉的3大缺陷和4种损伤模式，让长期"愁眉苦脸"的设备"眉开眼笑"了。

全国多个城市的用户，特别青睐来自珠海的一套新技术：该市特检分院首创性地提出电梯安全检测的4种方法，研制成功了系列检测仪器，取得了25项国内外授权专利。该成果已推广至150多个城市，覆盖全国自动扶梯检测市场份额的70%以上。

四川的一些用户，交口称赞一种全新的电梯超载检测仪：它对每台电梯的试验检测用时仅为7分钟，比传统检测方式用时缩短80%，企业试验成本平均减少84%。

福建的一批用户，格外迷恋一种新的搭积木技术：科技人员研制出了钢结构积木模块化电梯，使安装电梯就像搭积木一样，变得简单而方便了。

……

一个个"小人物"，一项项新成果，撑起了中国特种设备科技事业的一片蓝天！

05/
匠心独运

题记: 一对锐利的眼,一双灵巧的手,一颗执着的心,一腔专一的情。他们功夫了得却又内敛低调,默默守护特种设备的质量和安全。

不可思议！他挥舞着焊枪却像绣花一样仔细，长达13公里的手工焊缝上，竟然连一个针眼大小的漏点也没有。

不可思议！他操作着起重机臂犹如穿针引线一般灵巧，片刻间便"一钩准"地吊起了目标集装箱。

不可思议！他扫描的目光好似火眼金睛一般锐利，对某舱体内径测量的精度，竟然达到了一根头发丝直径的六十分之一。

……

创造一个又一个"不可思议"奇迹的他们，拥有一个共同的闪光的名字——工匠。

中华民族的工匠精神源远流长。早在我国第一部诗歌总集《诗经》中，就把对玉石、象牙等物品的加工形容为"如切如磋，如琢如磨"。春秋时期的著名木匠鲁班，就是古代能工巧匠的杰出代表。

如今，老祖宗留下的工匠精神，正在新时代特种设备人中传承和发扬光大。

练出来的功夫

"术业有专攻"。

特种设备领域里的知名工匠，谁没有一手超人的技艺？谁没有一身惊人的功夫？

这技艺，是用汗水与心血浇灌出来的！

这功夫，是用勤学和苦练练出来的！

操纵杆当绣花针

2021年4月25日上午9点，世界在建规模最大的白鹤滩水电站，一次扣人心弦的吊装，几乎让在场的所有人都屏住了呼吸。

此次吊装的，是重达2300多吨的全球最大发电机转子，它平移吊入发电机坑的摆动幅度，必须控制在一毫米之内。否则，稍一晃动，就会对娇贵而且"脆弱"的转子造成伤害。

吊装开始，身经百战的桥吊女驾驶员梅琳，专注的目光中充满了冷静和自信。

高高在上的驾驶室里，在正前方因盲区无法看清的情况下，梅琳手握操纵杆就像握着绣花针一样，凭着声感和手感，精、准、稳地处理着每一个细节：推、拉、控，操作杆上的动作干脆利落，平移的庞然大物，运动起来如行云流水，几乎看不出一丁点晃动。最后垂直吊下，一气呵成，不差分毫地落入坑位。

10时28分，经过5次点控调校后，发动机转子精准吊装到位。

又一个新的世界吊装纪录诞生了！现场顿时响起了热烈的掌声。

梅琳超人的技能不是天生的，而是她近20多年如一日苦练出来的。

工友们看到，梅琳一有空就将装得满满的水桶挂在吊钩上，上下来回吊装。第一次开始，不一会儿水桶里的水就只剩下一半了。她不灰心，接着练。每天一练就是几百次，只练得头昏眼花，腰酸腿痛，她从不放弃。经过一个多月的苦练，她慢慢形成了一种动作本能，起吊时水桶里的水一滴也不外泄了。

日复一日、年复一年的勤学苦练，梅琳练就了吊装作业稳、准、快的本事，创造出了一套手感、听感、嗅感相结合的吊装方法。这些本事和方法，"追随"她从吊装1500吨发电机转子，到吊装1800吨发电机转子，不断向世界之最发起冲击。

1995年，20岁的梅琳从技校毕业，如愿成为一名桥吊司机。谁知第一次独立操控起重机，就弄得很尴尬。

一坐进驾驶室，心里就像十五只吊桶打水——七上八下，握着操纵杆的手也在微微发抖。眼看着吊装的东西晃动太大，却无法调整，地上的工友们接起来很吃力……

师父看到此情此景，劈头盖脸地把她批了一通。自尊心受到了深深刺激的她发誓：一定要练出点别人没有的功夫来！

从此，她从基本功开始练起，一招一式不走样，一点一滴不含糊。她先后吊装过十多台巨型水轮机转子，次次都是不差一丝一毫地吊装到位，一次次地刷新了世界纪录。

不息的弧光

与梅琳不同的是，电焊工马士清操作的是焊枪，经受的是筒体焊缝周围200℃左右高温的"烤"验。但他们有一点却是共同的：瞄准一流，苦练内功！

2016年7月，烈日下的江苏四方锅炉有限公司焊接车间里焊花飞溅。伴着设备隆隆的噪声和滚滚而来的热浪，高级技师马士清正蹲在地上紧张地施焊。

随着丝头内部焊光闪烁，两块钢板严密地连接在一起。焊缝平滑均匀，几乎没有高度差。

他正在施焊的，是新疆某热电厂2台高压锅炉本体。

平焊、立焊、横焊、仰焊，一项一项地来；站、仰、蹲、趴，一招一式地做。

近40℃的室温，焊件还要预热到100℃至150℃，焊接过程中筒体焊缝周围温度高达200℃，马士清被烤得汗流浃背，汗珠滴到钢板上，瞬间就蒸发得无影无踪。

滚烫的焊渣落到皮肤上，顷刻间就鼓起绿豆大小的水泡。可焊接工艺要求他绝不能停下来，马士清强忍着疼痛，一口气焊完了那道焊缝。

处理完最后一条焊缝时，浑身散发着馊臭味，但大家都露出了久违的笑容：经检测，施焊效果完美，一次探伤合格率高达95%。

谁能想到，刚参加工作时，技校毕业的马士清连生产图纸都看不懂。师父常对他说："好好干活，是工人的本分。"马士清将这一教诲铭记于心。

为补理论知识，他就像一块永不满足的海绵，几乎每天下班回到家，都要抱上专业书籍，一"啃"就是大半夜；为保持手臂的稳定性，他在焊枪上挂铁块，对标墙上的直线来回移动，练到胳膊疼得抬不起来；为提升技艺，他不分昼夜地练习，耗光了厂里所有的废钢和焊条头。

急于观察焊缝的他，几次被弧光刺伤了双眼。焊花更是把他的工服烧出了大窟小眼，皮肤上新伤叠旧疤，脚部烫伤更是锥刺般疼痛。

20多年来，马士清就是凭着这种"不放过自己"的严苛训练，成就了他将焊接误差控制在毫米级的技艺。

2017年12月16日，公司接到了一台65吨超高压锅炉加工的加急订单。客户提出的标准要求严苛：焊接误差不能超过3毫米。

内行都知道，在这种首次采用的100毫米厚的欧标钢板上施焊，要想误差不超过3毫米，其难度前所未有。

再难，也难不倒马士清。"吱……吱……"打底、填充、盖面，随着他娴熟而又有序地推进，一条漂亮整齐的焊纹在焊接试块上呈现了。

为验证焊缝质量，检测人员对焊缝进行了全面的检测。内心忐忑的马士清，目不转睛地盯着仪器显示屏。

1条，2条……担心的情况还是出现了，检验结果显示：焊缝中存在多处裂纹。

查阅资料，分析诱因，顾不上吃饭的马士清和这些裂纹较上了劲。观片灯下，多条横穿焊缝的裂纹清晰可见，裂纹较短，两端穿过焊缝连接到钢板处呈尖细状。

"是冷裂纹！"马士清作出判断。

窗外，呼啸的寒风裹着雨雪，击打着窗户上的玻璃。车间里，饿得肚子"咕咕"直叫的马士清，还在守着试块一探究竟。

"裂纹应该是低温环境施焊后试件迅速冷却导致的，需给焊件缓冷。"马士清一边琢磨，一边和有关人员讨论。作出改进继续试，终于将"冷裂纹"的毛病排除了。

与常人理解的"慢工出细活"不同，焊接速度慢会给焊缝强度带来很大影响，为提高焊接质量，厚板钢材焊接要求中间不停歇，施焊一气呵成。

25米的环焊缝，多层多道施焊，需连续焊接近30个小时。为了赶工期，马士清和同事们吃住都在厂房里。

直径不足1.4米的锅筒内部操作空间，施焊产生的烟雾和刺鼻的气味迅速弥漫，马士清眼随手移，不时地根据弧光、铁水色泽、焊缝状态，调整焊接手法和施焊速度。

几小时后，当他被大伙从筒内"赶"出来时，钻心的疼痛让他半天都直不起腰。

浑身汗透的他，来不及换衣服，马上围着工件检查焊缝外观。

不放过任何一条焊缝，不落下任何一个角落！就这样，他们最终将焊接精度成功锁定在3毫米以内，并提前一周完成了任务。

交货的那一天，厂方代表吃惊地瞪大了眼睛……

火眼金睛

检验现场的空气几乎凝固了！某企业连续七八年检验都"没问题"的一台关键设备，却被年轻的检验员胡振龙判断出有问题。在场的厂方人员，有的头摇得像拨浪鼓："不可能，不可能！"有的甚至厉声发问："你别信口开河！这可关系到10亿元的损失，搞错了你赔得起吗？"

没想到，经过小胡的深入检验，一个点状的缺陷出现了，第二个、第三个缺陷也接着现形了……

一次可能造成的重大损失避免了，责难振龙的人脸上当场露出了羞愧的神色。

胡振龙富有穿透力的"火眼金睛",是他13年如一日自我加压"压"出来的。

隆冬时节的鄂尔多斯,零下20多摄氏度,胡振龙专挑酷寒天气磨炼自己。练习中发现常规试剂涂到试块表面后瞬间就冻住了,他灵机一动,将试剂与车用玻璃水混合后再练习。

为练手感,他瞪大眼睛盯着镜子仔细观察,确保"盲超"时手法的均匀和稳定,连操作时的呼吸都反复练习。日复一日,用餐时手连筷子都拿不稳了。

为练眼力,他数次前往宜昌某特种设备制造企业,跟一线焊接工人、探伤员同吃同住,虚心向他们请教。

胡振龙的一手绝活,让多少用户竖起大拇指。

洛阳某石化企业动力分厂曾为他竖起了大拇指:该厂3台锅炉因水冷壁问题而导致紧急停车,1年多达50余次,巨大的经济损失让企业苦不堪言。他们找到了胡振龙,振龙立即带领团队赶到现场,最后发现并解决重大缺陷50余处。该设备从此再未发生过紧急停车事故,企业的压力被及时释放了。

北京某石化企业也曾为他竖起大拇指:该公司脱甲烷塔进料分离器突发开裂并造成泄漏,危及全厂,不得不紧急停车。胡振龙带领团队连夜研究检测方案,以在线的方式连续监控100余天。为企业挽回了数亿元的经济损失。

兰州某石化企业更是为他竖起了大拇指:该公司一台超高压管式反应器,外部被水夹套阻挡,国内既无有效检测方案,亦无成功检测案例。胡振龙带领团队设计专用涡流传感器,完成了现场检测工作,填补了国内相关技术空白。

2021年，在全国特种设备检验行业技能大赛上，胡振龙以精湛而超群的技艺，一举夺得无损检测项目的冠军。

捧着沉甸甸的奖杯，他深深地感到肩头的担子更重了……

"细"出来的习惯

细微之处见精神。

一个"细"字，承载着多少特种设备工匠的共同习惯：无论在什么情况下，都不放过任何一个疑点、一丝疵点。

这就是一丝不苟！

这就是精益求精！

丝毫不走样

自2013年入职开始，李德印便踏上了修炼之路。从当年懵懵懂懂的学徒，到如今徐工集团的高级焊接技师，他的执着就像一根焊条，把自己和职业习惯严丝合缝地牢牢"焊"在了一起。

2021年7月的一天，徐工建设机械分公司的结构车间里焊花飞溅，热浪袭人。李德印正把3个徒弟叫到跟前，当场指出一条外表完美的焊缝存在的问题。徒弟们趴下身子观察才发现，主弦杆接头处有一条比头发丝还要细的裂纹，长度大约6毫米。

夜深人静，德印没有回家的打算。办公室里紧锁眉头的他，脑子里总是浮现出那处裂纹。

"绝不放过质量上的任何一个疑点!"这是他自己曾经作出的承诺。

"就是不睡觉也要把原因查个水落石出!"于是,他毅然带着相关用具走进了车间,围着焊件一圈又一圈地转,脑子里不停地琢磨。不知不觉,几个小时过去了,但还是没有找到原因。

无意之中,一个设备状态标志跳入眼帘,他突然明白:因红外线加热仪出故障停用,为了赶进度,自己只好用火烤方式加热母材。但焊接960兆帕高强度钢板,预热要达到150℃,才能保证焊缝平滑不开裂。而用传统火烤的方式给40毫米厚的钢材加热,致使材料受热不均匀导致焊缝质量出了问题。

他立刻通知相关人员到场,连夜采取紧急措施消除了质量隐患。

李德印对瑕疵的零容忍,正是他多年来养成的习惯。这是一种习惯,更是一种责任!

德印的职业生涯,与中国大吨位履带式起重机的发展紧密相连。他先后参与了充满挑战的650吨、2000吨、4000吨等超大型履带式超重机首件试制的焊接工作。其中XGC88000型履带式超重机首件试制的臂架焊接,更是一次巨大的挑战。

当时,接到任务的李德印带着团队一进入车间就投入了战斗。

几个昼夜后,首件桁架臂试制件在众目睽睽下等候"检阅"。谁知检验结果竟然是焊缝合格率不足一半!这个结果出乎所有人的意料。

已达到很高焊接水平的李德印和他的团队,远远低估了这项工作的难度。

查数据，分析缺陷……来不及脱下盐渍斑斑的焊服，李德印便沉浸在一堆检测报告之中。

厚度40毫米的臂材，需多层多道施焊。几乎所有的缺陷均为焊缝各层道之间、焊缝与母材之间的熔合不够。

4000吨的起重机，仅起重臂桁架臂组件就有4米高，施焊时需不停地爬高下低更换位置作业。李德印盯着焊缝一个个地定位，一遍遍地深入琢磨。

一筹莫展之际，一阵电话铃声响起，几天见不到他的妻子打来了关心的电话，沉醉于攻关的他这才想起这天是她的生日。

生日？蛋糕？他的大脑中突然迸出一个大胆的想法：能不能像蛋糕裱花师的转盘一样，把高空中的工件移到转盘上转起来焊？

此时已是深夜，他抓起电话就通知徒弟们前来加班。

隆冬的夜晚，结构车间里热火朝天。

失败，改进；再失败，再改进……

工件"转起来"后，焊道熔深更好了，层道间熔合问题解决了，超声波探伤一次合格率高达100%。

德印没有沾沾自喜于一时之胜，他又对"焊缝与母材熔合不够"的毛病开起了"药方"。最后终于"药"到"病"除。

"一根筋"的执着，帮助李德印收获了全国"五一劳动奖章"、江苏省"技术能手"等诸多荣誉。但李德印最看重的，还是手中那支渗透着热汗的焊枪。

"汗"卫形象

为了查清一条裂纹，梁威累得虚脱了都不肯下"火线"。

室外30多摄氏度的高温时，球罐内多少摄氏度？"60摄氏度！"江苏省特检院连云港分院承压三室九五后检验员梁威的回答让人咋舌。

2022年7月12日上午11点，江苏斯尔邦石化有限公司的一个球罐检验现场，由于高温下身体虚脱，梁威已经不能自己从罐口爬上来了，需要外面的协助人员帮忙往外拉。

刚一出罐，同事赶紧帮梁威把防护服脱下来，手一拧汗水就哗哗流了下来。猛灌了两大瓶矿泉水后，他笑着形容自己"就像从沙漠里钻出来的一样"。在里面忙得太专心了，一上午他都没想起来喝口水。

1998年出生的梁威刚刚工作一年，第一次在这样的高温天气参加检验。头盔、长鼻呼吸器、双层连体防护服……球罐设备盛装有毒、易燃介质，进罐检验必须全副武装。加上30多摄氏度的高温天，走到球罐里就已经全身湿透了！小梁手脚并用，爬进被烈日暴晒许久的"蒸笼"里面，仔细地检查着罐体受腐蚀程度、焊缝裂纹、壁厚、硬度等情况，不放过任何一个细小的缺陷。

磁粉检测是金属材料表面或近表面缺陷检测的主要方法。脚手架上，梁威猫着腰托举着近30斤的磁粉机，正在给焊缝做磁粉试验。

"梁威，快下来！"看到热得像水兔子一样的梁威，科室主任樊晓辉不停地催促。

"刚发现一处裂纹，我先处理好再说。"梁威执意不肯休息。

该裂纹缺陷需要进行打磨消除，且每次不能打磨得太深，打磨一次需要重新进行检测。如此重复十多次，直到裂纹缺陷完全消除。

为确保检测到球罐内部每一条焊缝，不放过任何一个细节，梁威不断地更换姿势，一会半蹲，一会趴在地下。在温度高达60℃的球罐里，不断重复着这样艰难的动作。豆大的汗珠顺着额头、脸颊、脖子，不断地滚落。

"必须下来休息！"看到梁威脸色发白，在场的领导向他发出命令。

身体虚脱的他，实在没有力气了。身上挂着安全绳的他，只好顺势躺到了钢板上。

"有个部位少硬度数据。"刚躺下不一会的梁威又一骨碌爬起来，拿起硬度计接着干活去了。

梁威第一次爬3000立方米、两层楼高的球罐时，吓得腿都软了。如今，对这些已经驾轻就熟的他感慨地说："特种设备的安全关系着千家万户。既然干了这一行，就得一丝不苟地把它干好。"

根深叶"正碧"

2020年12月4日，四川佳诚油气管道质量检测有限公司高级工程师苏正碧，与其他9位来自特种设备检验检测机构的佼佼者，被授予首届全国"特检工匠"光荣称号。

10余年间，从籍籍无名的无损检测从业者，成长为全国特检工匠，苏正碧靠的是比别人更多的努力。

大学毕业后，初出茅庐的苏正碧刚接触无损检测行业时，就表现出一股拼劲。别人休息她加班，别人放松她学习，缠着老师傅讨教。身材矮小纤弱的她，不仅要在短时间内学会娴熟地操作超声波检测仪、射线机等检测设备，还要一天数小时地扛着十余斤重的设备爬高下低。爱美的她，戴不了饰品，更不能留长指甲。

"这娇小的身板干得了无损检测吗？"面对不少人的疑问，苏正碧用敬业、专业的行动给出了答案。

有谁能在经历过无数次的失败（误判）后，还能坚定地从头再来？

有谁能为了掌握第一手的检测数据，在寒风中蹚入冰凉刺骨的沼泽地？

她都做到了。

她的专心致志，几乎到了忘我的程度。

开始学习和师父配合时，由于手慢跟不上节奏，只需20分钟做完的超声波检测，正碧却用了一个多小时。她把闲下来的所有时间都用来练习，拇指和食指不听使唤了仍不放弃。直练到调试设备时间可以缩短到5分钟内。

苏正碧就是这样不停地战胜自己、超越自己。

使用超声波检测时需要凝心专注，刚开始她的心始终静不下来，越是着急，持探头的手就越不稳。那个时候的她，心里憋着一股不服输的劲。白天到处拜师学艺，夜晚玩起了小儿子玩的"镊子挑绿豆"的游戏，以练习手感和专注力。

慢慢地，她可以得心应手地独当一面了。1个月后，她调设备的效率提高了一倍；1年后，她这个到处拜师的"游击队员"，取得了超声波检测二级证书；4年后，异于常人的刻苦钻研，让她收获了超声波衍射时差法无损检测二级和超声波无损检测、射线无损检测三级证书。

从此，"谁说女子不如男"的"战斗"场景，成为了她人生的主旋律。

为适应恶劣的野外工作环境，克服高空作业、夜间作业等诸多困难，她把自己包装成"男子汉"，日复一日地扛着设备爬管沟、跨水坑，一身污泥的她，常常是汗水与泥水交织，啃几口馒头就算解决了午餐。

为保证检测零差错，她发明了自己的"比对检查法"：同道焊缝，用不同的检测方式和检测人员的结果对比检查。这样就可以增加一次复查的机会。

一次次的超越，使苏正碧的境界实现了一次次的升华。

初冬时节的内蒙古乌审旗，最低气温已降至零下8℃。坚守在"陕、甘、宁、蒙"燃气管道项目上的苏正碧和同事们，白天扛着仪器在高原的管沟中艰难前行，晚上回到租住的简陋民房里，靠大家轮班烧"土锅炉"御寒。

夜深人静时，已工作一整天的正碧仍干劲十足，有条不紊地在观片灯前看片、对比、出报告。突然，射线片子上几处孔状缺陷跃入了她的眼帘。

经察看、定位、回忆现场检验情况后，确定缺陷位于新旧燃气管道交接处的焊缝。

"出发验证，不能影响第二天老百姓用气！"夜幕下空无一人的小路上，她和同事们在呼啸的寒风中驱车疾驰。

半个多小时后到达现场的苏正碧，靠同事头灯上的光亮，深一脚浅一脚地找到了那条焊缝。寒风刺骨的野外，她冻得直打哆嗦，伸出的手转眼间就冻得不听使唤。

这时，气孔却和她捉起了迷藏，刚发现异常波，正要定睛观察，冒了个泡的缺陷却迅速"隐身"了。

蹦一蹦、搓搓手再来。

苏正碧不断地放慢手部动作，一遍又一遍地瞪大眼睛盯着每个细微处，寻找缺陷的"蛛丝马迹"。

忽然，屏幕上一个时有时无的异常波让她兴奋不已。她稳住探头，轻轻移动后，一处慢慢升高的波出现了。"就是它！"一个5毫米的气孔"现形"了。

其他几处孔状缺陷也被她"捉拿归案"后，嘴唇冻得乌紫的她抬头的瞬间才发现，满天的繁星将那晚的夜空衬托得异常璀璨！

超声波检测对圆形缺陷不敏感的问题解决了，更大的难题又"上门"了：超声波检测管子和管子对接焊缝的过程中，直面探头与夹角焊缝不能有效贴合导致检测结果精确度不够，甚至部分焊缝无法实施检测。

解决贴合度不够的问题，需要不同曲率的探头，市场上却没有符合这种要求的探头。面对这个突如其来的挑战，苏正碧大脑中闪现出改造探头的奇思妙想。

下定决心的她把自己关进实验室，不分昼夜地干开了。

核准，划线，先磨掉多余的部分，握着锉刀将探头的锐边倒圆，去毛刺，再用细砂纸打磨。

额头上的汗珠顺着脸颊滑落，和着空气中漂浮的飞屑凝结在头发、脸上、工服上……

不行，重来；还不行，再改进！

终于，一个个问题解决了，她靠双手磨出了和角焊缝曲率相同的曲面探头。

事业风生水起的她，有个话题却不愿触碰，她不能像普通人家的女儿、母亲、妻子一样顾及家庭。尤其对一双儿子，有着深深的愧疚和自责。多少次累得动弹不得的她，回到家后看到大儿子眼巴巴地站在窗前，羡慕别人家的孩子在妈妈的陪伴下玩耍；多少次拖着行李远行时，4岁的小儿子偷偷地躲到被窝里抹眼泪。

如今，这位勤奋的川妹子，已经掌握了误判率几乎为零的"硬功夫"，但她从未停下前行的脚步。

专出来的态度

"态度决定一切！"

特种设备工匠的"态度"，既有敬业专注的职业精神，更有追求卓越的专业情怀。

就是这种精神和态度，支撑着他们在各自的岗位上，干一行、爱一行、专一行，把每一件平凡小事做得不平凡。

干就干出一流

"干就干一流，拿就拿第一！"这是著名"大国工匠"许振超的座右铭。

1984年，34岁的许振超成为山东青岛港第一批集装箱桥吊司机，仅有初中文化的他为此兴奋了好长时间。

桥吊司机的工作，就是在四五十米高的驾驶室里，仅凭双手操控操纵杆，指挥吊臂前进、后退或升降。

时间一长，就显得枯燥和乏味，但许振超却从中找到了乐趣，干得津津有味。

当初，他有一个特殊的爱好：一直对机械和电路感兴趣。当上吊车司机后，他把这个爱好几乎发挥到了极致，白天学，晚上钻，以致整个吊车的电路控制图，他都能画下来，并且没有任何差错。

当初，他有一个特殊的习惯：总是随身携带记满单词的笔记本和英汉小词典，对照两三百页的操作手册上密密麻麻的外文，一有空就查单词、背单词、记难点。他还专门找到力学方面的书和资料，挤出时间汲取丰富的知识营养。

喜欢学习和请教的许振超，有一次却碰了个"大钉子"：1990年，一台桥吊控制系统出现故障，他试着向某外国专家请教时，人家却耸耸肩，双手一摊，脸上露出不屑一顾的神情。

这件事深深刺痛了许振超。他暗下决心："一定要争口气，学会自己修理起重机。"

于是，他时常对着书本大小的控制系统模板，就像着魔似的反复查看、研究。密密麻麻的上千个电子元件和弯弯曲曲的印刷电路，时常让他眼花缭乱。

于是，他为了分辨时隐时现的发丝般的线路，用玻璃制作了一个支架，上放模板，下装100瓦的大灯泡，通过强光让隐形线路"现身"，然后对着显现的线路，一笔一笔地"照葫芦画瓢"，绘制成图。

4个春秋的辛勤耕耘，许振超倒推了不同型号的12块电路模板，仅绘制的电路图纸就有两尺多厚。

功夫不负有心人！振超逐步掌握了各类桥吊参数、性能和维修技术。一般机械事故，他排除起来不在话下；就连精密部件出了故障，他修复起来也是得心应手。

码头工人的生涯，让许振超的感言掷地有声："咱码头工人要把脊梁挺起来做人，要在岗位上站得住！"

站得住，就得瞄准先进水平冲锋：在练就吊装作业"一钩准""无声操作"等绝活的基础上，2003年4月，他带领团队创造了每小时单机效率和单船效率的世界集装箱装卸纪录，后来又先后9次刷新世界纪录。从此，"振超效率"一下子享誉全球。

站得住，就得跟上时代前进的步伐：在港口生产方式向技术密集型转变的关键时刻，他努力让自己插上科技的翅膀，进行贴近实际的技术创新，仅在冷藏箱上加装节电器，每年就节约电费600万元。他领衔组织实施的轮胎吊"油改电"集成技术项目，填补了国际空白，年节约经费2000多万元，而且使噪声和尾气的排放量接近于零。

站得住，就得要有永不满足的拼劲和不服输的韧劲，不断向着新的高峰攀登。他带领团队攻关，在国内首次实现双起升岸桥的远程半自动操作，让驾驶员离开传统的高空驾驶室，在现场控制室即可实施远程操作，为传统码头向半自动化和自动化转型，开创了一条切实可行的成功之路。他发挥"许振超大师工作室"的辐射作用，带领团队开展更高层次的科技攻关，创建了"集装箱岸边智能操作系统"，在世界上率先创造"桥板头无人"的先例，解决了多年集装箱板头作业人机交叉带来的风险问题。

一如他的名字一样，许振超正在带领码头工人超越自我、超越梦想，不断地发出新的光和热。

锁定"毫米级"

冬天的海南三亚，温暖如春。2020年12月9日早上8点，33岁的付志平表情严肃，开始固定仪器，涂试剂，放置探头……

下潜至10909米深海所受的压力，相当于一个指甲盖大小的地方承受1吨的质量。在这样大的压力下，"奋斗者"号深海潜水器的外表和内部结构，有可能出现潜在的变形、磨损。

外观测量是给潜水器"体检"的第一道程序，单是舱体内径测量就是个严峻的考验，精确度要达到0.001毫米，相当于一根头发丝直径的六十分之一。

近200个测点，如有千分之一毫米的误差，就会对后期使用产生"失之毫厘，谬以千里"的重大影响。

这个精细活儿，付志平一干就是13年。一个个大国重器的背后，是他不允许超过毫米级偏差的匠人匠心。

付志平是江苏省特种设备安全监督检验研究院无锡分院的检验

员、工程师。1987年出生的他，年纪不大，个头不高，却已是特种设备无损检测领域的佼佼者。

付志平的工作任务，除了现场检测外，还要负责检测前检测工艺的制定，检测仪器及检测用试剂的选择，确保整个检测工艺参数、仪器设备等能够满足所用特殊材料的要求，不能对设备本身有任何伤害。

2019年，在"奋斗者"号研制阶段的一次检测任务中，志平和技术团队首次尝试把相控阵超声波检测技术，应用到组装完毕的潜水器载人舱检测中。

相控阵超声波检测是一种先进的无损检测技术，在我国的核工业和航天工业中应用广泛，能够通过成像直观地反映焊缝的内部结构。

"奋斗者"号载人舱是一个球形，球体采用新材料且厚度大，国内尚没有现成的该材料声学性能工艺参数，为了突破检测难点，团队提出研制专用试块作为标尺的想法。

付志平决定迎接这项挑战。他在材料性能、评定标准上作了大量研究分析，自行设计并协助生产厂家加工出试块。

有了"标尺"，志平和队友们信心倍增。此时，新问题出现了。钛合金的晶粒组织状态与常规材料不同，经常会将超声波检测过程中出现的杂波误判为缺陷。

付志平又忙了起来。为了能精准地区分缺陷回波，他查阅大量资料，了解钛合金的材质特点后，开始检测、验证。

"试块中预埋缺陷，磨炼数据分析精度。"他每天检测几十次，以练习眼力和快速分析数据的能力。为了验证已测的数据，他往往还要用不同的检测方法再重复一次。

"发现3毫米条形裂纹。"为追求高精度,付志平又剖开试块验证。

"怎么办?"付志平脑袋里充满疑问,试块剖开打磨后没发现缺陷。

"是打磨出了问题。"试件放到电动砂轮上还没反应过来的工夫,已经被磨了几个毫米下去,缺陷被磨掉了。

1毫米,2毫米⋯⋯一遍遍地手工研磨,一层层地推进,他硬是靠自己的双手,精准把控打磨厚度。

"果然不出所料!"一个多小时后,磨得发光的金属表面预判的裂纹呈现了。当这波"手工艺操作"结束,他的相控阵超声波检测技术,已达到毫米级精度了。

几个月后,他最终将所有检测点位的测量精度,都成功锁定在毫米级。这可是一个了不起的突破。

2020年,"奋斗者"号拆检现场,潜水器拆卸外壳后,很多仪器、管线接头暴露在外面,遮挡了待检测的焊缝。

付志平或腰系安全带挂在框架上,或摘掉安全帽挤进窄小空隙,一测就是两三个小时,想方设法完成了全部上千米焊缝的检测任务。

2019年8月11日,"奋斗者"号载人球舱检测现场,"仪器无处安放,咱们可以帮它实现。"付志平提出用泡沫制作半球型"脚手架"的想法。为了避免检测对球舱内壁可能造成的伤害,他和队友们用了3天时间,完成了半球型泡沫"脚手架"的设计和制作,使检测效率大幅提高。提及这件事,付志平言语中透着坚定:"只要你想干,就没有干不成的事。"

"滴"水穿钢

金秋十月，六朝古都南京，全国特种设备检验检测行业化学检验员职业技能竞赛，正紧张激烈地进行。

左手操作滴定管，右手摇动锥形瓶，穿着一袭白大褂的她，聚精会神地观察着锥形瓶中颜色的变化，神情严肃而专注。

在这场全国特种设备化学检验界高规格的比赛中，她一举夺得团体和个人第一名的好成绩。

她就是人称"锅炉医生"的江苏省特检院水质检验师宋菲菲。10年间，她解决了数起锅炉运行时的突发状况，以"滴水"之力铸就了锅炉安全运行的"铜墙铁壁"。

自2013年参加工作以来，无数次重复、单调、枯燥地做一件事的宋菲菲，靠"较真"练就了过硬的水质检测本领，更靠毅力磨砺出了"对自己负责，为社会尽责"的行为准则。

有一次，江苏某电厂在日常化验中，发现水中铁含量会不时出现超标情况，但无法查明原因，请求江苏特检院水质团队提供帮助。宋菲菲作为团队中的一名骨干，毫不犹豫地接下了这个任务，立马奔赴检验现场。

通过查看企业日常化验记录，除铁离子含量严重超标外，溶解氧、电导率、pH值等其他可能造成铁含量超标的检测指标，均在正常范围。

针对这一情况，菲菲马上对水质进行取样及现场化验。在结合现场与实验室的数次复测验证后，结果与企业日常化验记录一致。这说明企业化验方法与水平没问题。

但是铁离子含量依然坚挺。"不应该啊！"宋菲菲脑子里的问号闪个不停。

灯光下，她和这个铁离子的"异常"较起了真！查资料，论证，分析，一遍遍地盯着检测数据琢磨，一次次地回想现场细微之处捕捉到什么。几个小时过去了，电脑前的她仍毫无头绪。

忽然，取样口水流"哗哗"的画面在她脑子里定格了："如果不是水质本身的问题，会不会是取样方法有问题？"

"取样前有没有调整过取样器流量阀？"她迅速抓起电话找化水专工落实。在得到否定的回复后，她又不厌其烦地向每个化验人员核实。

果不其然！有一个实习化验员为了方便取样，在他取样时就会调大水流，这样可以迅速接满取样瓶。调整了流量，管内壁沉积的铁锈等杂质容易被冲刷到样水中，造成对水质实际情况的"误判"。

去现场验证！宋菲菲和同事们带着仪器迅速赶往锅炉运行现场，并在电话中交代取样前要求。在控制水样流速稳定后，实验结果终于趋于正常了，铁离子异常超标的难题解决了。

追求极致，把每一件事尽可能地做到最好，这正是宋菲菲多年来形成的专业态度。

一天，难得准时下班的宋菲菲刚进家门，一阵急促的电话铃声响了起来。电话那头传来了急切的求助声："我们电站锅炉运行中出现异常情况，请求你们上门进行技术指导！"

原来，该锅炉在使用过程中频发水冷壁爆管的现象，企业工作人员尝试了多种方法，问题却得不到有效解决。设备频繁维修给企业带来巨大的经济损失和安全风险。此次又突然爆管，情急中，他们找到了宋菲菲。

宋菲菲二话没说，马上出发。"妈妈，你怎么刚回家就走了，我不想你走……"临行前，3岁的女儿委屈地抱着她的腿不让走。

不是在实验，就是在去抽样的路上。用这句话来形容她的工作状态，简直太合适不过了。一年中，她一半左右的时间都在出差。此刻，面对年幼女儿的请求，菲菲纵然有一万个拒绝的理由，也不知从何说起。

她把女儿抱到怀里亲了亲，然后狠了狠心放下，眼睛里噙着泪花的她，转身便奔赴检验现场。

来不及放下行李，宋菲菲和团队成员就开始工作起来。在察看、沟通、检测、分析后，她一下捕捉到了水冷壁管内壁结垢严重的问题。

立即集体"会诊"！立即制定方案！立即启动检验！

那一夜，化验室灯火通明，仪器高效运转，宋菲菲及同事们对现场取回的水样及爆管水冷壁中的垢样进行紧急化验。化验完毕，结合各项化验数据及资料，宋菲菲推测：水冷壁爆管的极大原因是水质长期不合格导致管内结垢严重并且伴随着垢下腐蚀。

为了验证这一推测，宋菲菲驻扎电厂，反复对水质进行化验比对调整。几天化验观察下来，她发现给水pH值忽高忽低、给水溶解氧含量超标等原因导致系统内发生腐蚀情况，又由于电厂化水车间日常不监测铁含量，未能及时发现水样中铁含量异常的状况，氧化铁垢沉积于水冷壁管，加剧了金属的铁腐蚀，恶性循环下最终导致了锅炉构件的损坏。

查明原因，宋菲菲与化水专工讨论后，对该企业水处理提供了一系列建议：增设自动加氨泵，提高加氨量的准确性；检查除氧器工况及给水泵密封情况，降低水中氧含量；增设铁含量化验指标，实时监控水中铁含量情况。

按惯例，这项工作应该就此结束。但她脑海里突然冒出了一个新的疑问："既然电厂化水人员每天会对水质进行分析，那为什么会产生水质长期不合格这一情况呢？"宋菲菲查看电厂半年来的化验报表后发现了新问题：化验报表中的数据均在合格范围内，但化水车间自主化验的指标，与她们在现场检测的结果存在较大差异。

"校准企业仪器没问题，试剂没问题……"宋菲菲的脑子里反复琢磨检测流程和数据，就连晚上睡觉时也在大脑中复盘这台锅炉的水质运行情况。突然，一个声音在耳畔响起："会不会跟化验员的操作有关？"

睡梦中惊醒的她，一骨碌从床上爬起来，迅速将梦中这些影响因素记了下来。

第二天天未亮，她就迫不及待地奔赴现场验证。

在现场，她要求和化验员同步检验，不放过任何一点蛛丝马迹。果不其然！她发现化验人员存在现场化验应付了事、取样操作不规范等情况。在化验员取样后步行至化验室期间，未对取样瓶进行密封。再加上后期各项指标化验的先后顺序不合理，水样暴露在空气中时间较长，造成部分指标测量值与炉内水质指标有较大差异。

　　"病因"找到了，隐患也彻底消除了。宋菲菲这位"锅炉医生"，又一次给人们留下了"超级负责"的深刻印象。

06/
挺起担当的肩膀

题记： 面对大灾大疫，他们绝不能退缩，因为肩负着责任和希望；面对大险大难，他们从不会退缩，因为牢记着使命和担当。特种设备人就是这样，关键时刻冲得上去，危险关头豁得出来！

关键时刻冲得上去，危险关头豁得出来！

当一个个健康的身躯被新冠病毒击倒之时，当一条条鲜活的生命被地震吞噬之时，当一处处完好的设施被洪水冲垮之时，当一条条畅通的道路被冰雪封锁之时，被人们喻为"特种兵"的特种设备人冲上去了！被人们喻为"特别医生"的检验检测人员冲上去了！

为了践行"人民至上"的理念，为了守护人民群众生命财产的安全，他们将困难踩在脚下，把个人安危抛之脑后，以实际行动书写了为民、爱民、安民的新篇章。

"疫"不断的逆行

此时，滚滚长江扬起焦虑的浪花！

此刻，白云黄鹤投下了忧愁的目光！

2020年1月23日，农历腊月二十九，处于新冠疫情中的武汉，骤然按下了封城的启动键。千万人的九省通衢之城，关闭了所有的离汉通道。

抗疫，抗疫！

救援，救援！

伴随着白衣执甲出征的，还有特种设备战线的无数逆行者。他们穿行在重重困难和险阻之中，为抗疫所用的特种设备提供了强有力的技术支撑。

救援全天候

救援的电话，一个又一个地打到了武汉市特种设备监管部门：电梯急需维护，安全阀急需校准，高压氧舱急需检验，供氧管道急需检测……

急抗疫之所急，想救人之所想。武汉市特种设备人迎着召唤向前冲，为治病救人排除了一个又一个"特种"障碍。

1月28日，武汉市防疫救治主力医院金银潭医院提出了紧急需求：为确保医院的医用供氧系统增压运行安全，需对6只安全阀进行重新校验。

"我们马上就到！"接到任务以后，武汉市锅炉压力容器检验研究所检验人员立即前往金银潭医院，对安全阀进行拆卸、检查、组装……当天晚上就完成了校验。急得火烧眉毛的医院负责人，终于长长地松了一口气。

随着武汉各定点医疗机构、集中隔离场所的陆续增设和启用，大量电梯等机电类特种设备需要紧急检验。武汉市特种设备监督检验所在做好下沉社区驻守帮扶准备的同时，抽调精干检验力量组成了12人的突击队，专门应对疫情期间特种设备保障检验工作。

突击队员们坚持随报随检，并且坚持当天检、当天出具检验报告，全力保障疫情期间各类电梯稳定运行。

仅两三天时间，武汉市特检所会同各区市场监管部门，高质量地完成了6家定点医疗机构和集中隔离场所共23台电梯的突击检验任务。

疫情防控期间，湖北特检院主动配合，协调各方开辟绿色通道，为企业提供便捷高效的服务。1月30日，武汉市防疫指挥部紧急征用瑞安酒店，并要求确保酒店内电梯的正常使用。接到任务后，湖北特检院工作人员马不停蹄赶赴检验现场，很短时间便完成了检验工作。2月5日，武汉市防疫指挥部要紧急征用紫阳湖宾馆，由于该宾馆两部电梯停用多年，必须开展必要的校验和性能试验，湖北特检院同样迅速、及时地完成了检验工作。

六七二医院是武汉市第三批新冠病人定点收治医院，也是洪山辖区内抗击疫情的重点保障单位。2月11日晚，洪山区市场监管局特种设备科接到该医院的紧急求助：医院一台电梯停运，需要及时排查。

第二天一大早，洪山区市场监管局特种设备科工作人员和维修技术人员，赶赴现场紧急维修。身着全套防护设备，维修人员从电梯轿厢、电梯井到控制室，检查和更换部件后，又来来回回反复调试。终于，两个多小时后，故障电梯投入正常使用。

在黄陂区，省委党校盘龙城校区方舱医院的6台电梯，由于使用的是临时用电线路，电压极不稳定，同时电梯井道淹水，电路损坏，弱电系统线路也需要重新铺设。黄陂区市场监管局特种设备安全保障应急小组及时协调组织市特检所、相关电梯制造和维保单位专业人员，奋战一天一夜，消除隐患，完成整改并投入使用。

由于疫情防控需要，本地及外地的医疗团队入住江岸区创意宾馆，需要立即启用已停用近两年的2台锅炉和3部电梯。江岸区市场监管局立即协调市锅检所、市特检所以及电梯维保单位，对这些设备进行检验修理，发现问题现场整改，整改合格现场发证并投入使用，确保医务人员入住当天就使用上电梯和热水。

同样，在蔡甸区大集街，一家食品厂的闲置厂房被征用改建为方舱医院，需要启用已闲置多年的特种设备，要求于2月15日之前交付使用。

蔡甸区市场监管局一方面联系当地两家锅炉和电梯维保单位，迅速进场开展维修保养；另一方面联系市锅检所和市特检所，对设备进行检验。经过3天加班加点的突击，3台设备最终于2月14日上午10点半，按时交付使用。

就是凭着这种争分夺秒的劲头，武汉市特种设备人全天候地为特种设备"把脉问诊，防病治病"，为抗疫救援赢得了宝贵时间。

雷神山神助攻

2月6日，7.6万平方米的雷神山医院落成。1600多个床位以及设备带着一串惊人的奇迹和火神山医院一起载入了共和国的建筑史册。

在雷神山建设最要紧的2月1日晚上8时许，江夏区市场监管局副局长杨向东，奉命进行液氧储罐的安装监检工作。

局里抗疫任务重，干部职工都像箭一样被"射"在岗位上。全区仅有的3个特种设备安全监察员，一个困于乡下，一个值守社区电梯检修，"家"里只剩他一个"光杆司令"。他只好单枪匹马进入任务现场。

工地上一片繁忙，连日阴雨使得路面泥泞湿滑。老杨立即与正在巡检的东亮公司负责人进行了任务对接。此时，每个20吨重的6个大型液氧储罐，以及与之配套的气化器、管道和零配件，都已经运达现场。焊接工、管道工、电工等均已到位。急需解决的问题摆在他面前：安装储罐的基座不牢，因为水泥浇筑才3天，而医院进度等不了28天的凝固期；设备上的安全阀、压力表全是新品，没有校验鉴定，能不能安装？

晚上11点，工地指挥部调度会上一番请示汇报，并请专家支招，所有问题立说立解：压力表问题和生产厂家联系，核清出厂合格检验情况，并通知检测机构设立阵地绿色通道；基座不牢的问题，杨向东建议在水泥平面上加铺两层12厘米厚钢板，再在上边焊接储罐基座，然后安装罐体，当即被采纳并付诸实施。

2月6日，是杨向东驻守雷神山的第5天，当天的任务是，监检6个医用液氧储罐安装。

早上5点45分，老杨和担任安装任务的负责人，商定整体方案后，给28名技术工人宣布工作计划和劳动纪律："6点正式开工，按原定分组，半个小时必须竖起一台储罐，半个小时完成蒸发器安装，半个小时完成基础焊接，半个小时完成储罐本体及管道的检查和清场。下午6点前，必须完成6套储罐的全部安装任务。中途要上厕所的、要吃泡面的，统统自行轮换，每次只许轮换一人。听明白了没有？"

"明白、明白、明白！"场上的回应声若洪钟。那一刻，杨向东顿感热血沸腾，神圣的使命感不停地撞击着胸口。已经56岁的他，一会儿站在高梯上验证数据，一会儿跪在地上测量，精心地检查每一条焊缝、每颗螺钉、每一个阀门和每一条管道。他神情严肃地和施工队员说："我们不是一分一秒跟时间赛跑，而是分分秒秒跟死神抢夺生命！"

液氧储罐投入使用后，日常巡检就由杨向东负责。他深知，ICU病房一刻也少不了氧气。每隔1个小时就和工程部的同志，对储罐、汽化器以及安全阀、输氧管道仔细检查一遍。在雷神山的10天9夜里，他对6个主罐、6台汽化器等相关设备的6358个焊点，个个熟记于心，随口就可以说出它们的安全状况和技术参数。

每天工作20个小时以上，晚上没有睡觉的地方，他就找个避风的位置打个盹儿。杨向东一次次地告诫自己：能目睹12天建成一座现代化医院，见证中国抗疫与建筑的神话，是自己终生的荣幸。因此，必须玩命地奉献一切。

雷神山医院也免不了死人，不少遗体就是从杨向东坚守的储氧罐不足5米处的门口拉出去的。他有时也难免心生害怕，一次次地给自己打气壮胆。但是，真正的考验还是来自这天下午3点，指挥长电话通知："几个病房出现供氧不足，是不是管道有问题呀？"他要求老杨带领技术人员，将所有病房的供氧管道认真排查一遍。

这可是非压力管道，不在特种设备职责范围呀！杨向东立刻反驳自己：这是"战时"，服从命令就是天职！仍然是一件雨衣、一只口罩，浑身喷一遍酒精后，带着两名技术人员进入病房。

32个病区，986张床位，检查一遍需要大约9个小时。病区内，字体硕大的警示标语，寂静的环境，医务人员轻柔的动作，呼吸机微微作响的"嘶嘶"声，以及心电仪器有节奏的"滴滴"声，令杨向东心理、生理上承受了很大的压力，一时没有食欲，几乎无法入睡。恰在这时，他的眼病重症肌无力发作了，时常头晕眼花，走路时一不注意就摔倒。但他一遍遍地在心中默念："打铁必须自身硬，坚持到底就是胜利！"他顽强地咬牙坚持着。

就这样，杨向东以虚弱的身体，出色完成了雷神山特种设备安全监检任务。回家的路上他问自己："我很伟大吗？"这个昔日"湖北省十佳执法打假标兵"，一连找出多条否定的理由。结论是：并不伟大！只是做了一些应该做的事情。

妻子石琴看丈夫趔趄着回到家，赶紧扶他慢慢坐下。可是当她用温水和剪刀弄开老杨结痂的伤口，一点一点将内裤和皮肉分离后，这位武汉市实验高中的政治老师，再也抑制不住自己的泪水。她给老杨敷上药，扎好纱布，心疼地嗔怪："你们搞特种设备的，咋个个都像是特殊材料铸成的呢？"

心里有霞光

"我们成功了！侨亚医院能接收病人了！"接近零度的地下室，两位浑身沾满污渍的修理工，围着一台骤然启动的锅炉，兴奋地跳着叫着。

此情此景，发生在2020年1月28日，即正月初四早上7点。

1月26日，武汉市特种设备监管部门接到任务，政府为新增300张病床，决定征用侨亚博爱康复医院。该院的锅炉、电梯和储气罐等特种设备必须尽快修复，满足1月30日收治病人的标准。

疫情就是命令。当天中午，分管特种设备工作的领导迅速召集锅炉工程师张志斌和电梯维修工周友千，开好通行证，驾车疾驰而去。

到现场一看，实情令人发愁：2台锅炉、8部电梯全部坏掉，上面还布满了厚厚的灰尘。锅炉安装在地下室，地面上呼啸的寒风，更使这里寒气逼人。修复锅炉要从注水开始，由于水泵损坏，自来水注满3条管道需要3个多小时。傍晚时分，注水还未及三分之一。毕竟是大年初二，现场指挥员让张志斌回家过年，自己趴在锅炉燃烧观察台上，对两台锅炉存在的问题逐条做"现场监察"记录、拍照取证。两个小时后，他爬上5楼，找到电梯修理工老周，两人你查我记，晚上12点多，8台电梯的所有问题都已查明。

"明天你去汉口采购电梯配件。"指挥员老杨载着老周开车从医院回家的路上，边交代工作，边困倦地注视着前方。九省通衢的大武汉此时悄无声息，路上空空荡荡的。到了小区门口，老杨问周友千："你一个人开车路上怕不怕？如果怕了就高唱红歌，想想红彤彤太阳升起时的万丈霞光！"

一通忙碌，配件找到了，锅炉的水注满了，通电试车电路也正常。可是启动没有密码条。经过四处打听得知，原来的司炉工掌握着密码条，可是人被"关"在小区里，密码条放在另外一个地方。在一旁督战的区防疫指挥部副指挥长赶紧联系司炉工所在小区的村主任，让司炉工抓紧过来，但折腾半天，村主任告知，其妻子坚决不让他走出家门。

后来只好在警察的见证下，拿出了密码条，输入之后仍然点火不成，这证明炉膛问题仍在。按操作规程不能二次点火，否则可能引发爆炸。张志斌等人只好钻进锅炉继续查找问题。

中午时分，不少领导都在医院的场地上饿着肚子等结果。下午5时许，有人敲锅炉问话："外边开会问各部门工作进度，你们咋样啊？"此时，他们突然想起有关资料上讲过点火器装置的复杂性。是不是"鬼"出在这一块儿？快去查阅资料！张志斌已经一整天没有吃东西，饥寒早已忘在脑后。

第二天早上7点多，飞快赶来的张志斌一见到指挥员就点着手指说："有门了！"然后打开点火器，一块渣垢掉下来，两人的手都抖着，一番精细地清理，小心翼翼地组装，四目相对，再来一把！

"嗡"的一声，试车点火成功，一切运行正常。他们终于提前12个小时完成修复任务，其他特种设备也按时修复完毕。

抢险队员回到单位吃工作餐时，同事们心疼地说："那狼吞虎咽的吃相，就像好几天没吃饭似的。"

巾帼不让须眉

2020年7月2日，湖北省妇联发布"荆楚时代女性榜——战疫玫瑰"100人名单，省特检院检验工程师伍圆圆位列其中。

1986年出生的伍圆圆，大学毕业后毅然选择了特检行业。12年一线检验实践的摔打磨炼，使她柔美中平添了几分刚强。

武汉封城后，伍圆圆以特检院为家，始终保持24小时临战状态。1月24日早上，她接到省中医院医患专用电梯应急检验任务后，第一时间奔赴现场。在仅能容纳一人的狭小电梯井里，她清积水，查线路，汗水模糊了护目镜，就爬到外边清凉一会。为了尽早开通电梯，她甚至连午饭也不吃。终于在下午4点，将该院4部问题电梯全部检修了一遍。

由于气温骤降，小伍患上了重感冒，同事们劝她休息，可她想到的是肩头的责任，仍带病值班，率队开展电梯检修。

2月15日，她发现防控物资不足，志愿者人手紧张，居民也表现出无助和恐惧情绪，便利用抢修特种设备的空档期，积极加入社区防控志愿者队伍。她戴上小红帽，穿上红马甲，帮助社区值守大门，张贴防疫公告。还主动当上快递员、物资配送员，把急需的生活物资送到居民家中。人们被她的真情所感动，积极配合登记、测温、消毒。她手持小喇叭，给小区居民讲解疫情中安全乘坐电梯的知识，老幼进出电梯的注意事项，鼓励人们科学防护，互相帮助战胜病毒。

2月29日，湖北省市场监管局四级联动价格监督战役打响，伍圆圆主动请缨。领导考虑她刚下火线，又是女同志，就劝她休整几天。

她却执意不肯："疫情面前不分性别，年轻人执法打假更有优势。"连续20天，她风雨无阻，穿行于大小超市、农贸市场和商铺门面，查物价，验质量，听民意，身上的衣服湿透了，不知是雨水还是汗水。

为了掌握团购价格的第一手资料，她想方设法加入自己负责辖区内的所有团购群，仔细了解社区生活物资保障的实情。一次走访当中，了解到东亭小区团购点肉类价格偏高，群众颇为不满，伍圆圆立即组织工作队员展开调查。核实情况后，她将问题反映到相关部门，责令店主下调价格，接受处罚，居民们拍手称快。

震不垮的意志

汶川北川，芙蓉家园，
座座青山春犹寒。
芳菲失，霞光散，
滚雷隆隆大地陷。
堰塞悬心，
断崖声声惨。

人们永远不会忘记灾难降临的这个时刻：2008年5月12日14时28分。

这一刻，多少人遭受了撕心裂肺的痛苦；这一刻，多少人感受到了穿透灵魂的震撼。

在这个令人猝不及防的瞬间，一条条鲜活的生命伴随着哭喊消失了，一个个幸福家庭伴随着坍塌的房屋破碎了，一种种美妙的梦想伴随着颤抖的大地毁灭了。

一方有难，八方支援。在那些勇往直前的身影中，我们看到了特种设备铁军挺立排头，他们用实际行动践行"为了人民利益敢于赴汤蹈火"的铮铮誓言。

2008年，国家质检总局特种设备局，荣获中共中央、国务院、中央军委授予的"全国抗震救灾英雄集体"的光荣称号。

生死速度

家住成都市颐和小区的张大娘，在地震震坏电梯饱受爬楼之苦十多天后，5月27日终于重新坐上了电梯。面对千里迢迢赶到四川免费为他们检修电梯的特检专家，老人家感动得直掉眼泪。

汶川大地震后，国家质检总局打响的特种设备检测抢修大会战，已经让灾区超过400万的居民受益。

张大娘也许并不知道，为了抢修这些电梯等设备，特种设备技术人员付出了多少努力，作出了多少牺牲！

突如其来的汶川大地震，让四川重灾区接近一半的特种设备严重受损。老百姓的正常生活受到严重影响，次生事故发生的危险无处不在。

质检系统和特种设备相关人员心急如焚！

急灾区之所急，想灾民之所想。就在震后50小时之内，国家质检总局组织的第一批专家，带着物资和仪器设备，及时赶到了地震灾区。

时任特种设备局副局长的武津生带领专家及四川质监局有关人员，冒着余震的危险，星夜兼程地深入地震现场，对受地震影响的特种设备展开紧急排查。

几天之后，一条综合信息带着万千百姓的期盼，出现在时任特种设备局局长张纲的手机上：20918台电梯及锅炉、医用氧舱等特种设备，急需立即调派救援人员抢修！

十万火急！

5月20日，国家质检总局下达灾区特种设备"7日内完成排危抢险"的命令。

闻令而动！

陕西、重庆的特种设备检验专家，带着设备和干粮来了；浙江特种设备服务队，带着近一吨重的电梯配件来了；河北、广东的特检人员，带着精湛的技术来了；江苏的抢险人员，带着重达3斤的厚底鞋来了……

来自全国17个省、直辖市的2882名特检技术人员，向着四川地震灾区闪电般地集结。39家电梯、医用氧舱生产企业，也派出了764名工程抢修人员。

此时此刻，国家质检总局办公大楼的2301办公室，成了临时特种设备救援指挥部。

张纲每天都吃住在这儿，就连妻子因病住院，他也顾不上前往陪护。9天9夜里，他除了给领导汇报工作之外，其他时间一刻也没有离开岗位。

一个又一个紧急电话从救灾前线打来，一个又一个解决问题的指令与方案，从这里直"飞"前线。前线指挥部总指挥宋继红（时任特种设备监察局副局长）、刘云夏（时任四川省质监局局长），冒着余震的危险靠前指挥。

一场新中国成立以来最大的特种设备检测抢修大会战，在天府之国拉开了动人心扉的序幕。

大爱情怀

参加会战的特设队员中，有多少人克服了难以想象的家庭困难？有多少人带着难以忍受的伤痛？关键时刻，他们为了救援灾区，毫不犹豫地选择牺牲自己的利益。

河南省特检院的王鹏怕家里担心，"骗"家人说要去北京出差。就在他赶到成都并投入到紧急抢修工作后，家人才知道他去了四川灾区。全家人集体给他发了一条短信："你放心去救灾，无论到哪里，我们都支持你。"

接到上级调派入川的紧急通知后，安徽省特检院芜湖分院电梯检验师郭立克，在匆匆叮嘱几句即将参加高考的儿子后，迈着因车祸留下5根钢钉的伤腿，毅然奔赴抗震救灾第一线。

辽宁省大连市特种设备检验所电梯检验师钟金城是绵阳人，年过70的父母就在绵阳，听说要组织特种设备检验人员到四川救灾时，他抢先报了名。到达灾区之后，他得知父母仍然在绵阳市第一医院的门诊大厅里避震，大家都劝他去看看老人，他却摇头说："我是来救灾的，不是来探亲的。在这里我已经和父母很近了，可以感受到他们的心和我在一起。"

59岁的上海市质监局副总工程师孙永安，是此次参加特种设备抗震救灾的质检人中年龄最大的一位。尽管心脏做过手术，腰有严重旧伤，可他每天都和大家一起战斗在第一线。他感慨地说："40年前我光荣参加工作，如今我能参与如此重大的抗震救灾活动，可以说无怨无悔了。"

大家心里头都明白，早一天检修好一台电梯，就能早一天让灾区群众过上正常生活；早一天抢修好一台医用氧舱，就能多救治一些地震中的伤员；早一天化解特种设备的次生灾害，就能早一天减少灾区群众的生命财产损失。

为了这个"早一天"，队员们就得累一天、苦几天，但他们觉得再苦再累，值！

"天灾地害难不倒，特检抢险战蜀道。余震晃摇催我行，笛声胜过冲锋号。"54岁的河北省质监局特种设备处处长、入川抢险队领队李同德创作并吟诵的这首小诗，在全体队员心中久久地回响……

挡不住的脚步

7天时间，在历史的长河里只是短暂的一瞬间，但对于各地前来支援的特检队员来说，却是艰难而又漫长的。

短短7天，需要完成20918台特种设备的检测和修复，其难度可想而知。

"迎着困难上，冒着危险干！"一句朴实无华的口号，变成了扎扎实实的自觉行动。

河北技术服务队的风采让人感慨——

5月22日11点55分，这支精干的服务队飞抵成都，当晚就和已经待命的富士达维修制造方开会分析研判。然后迅速组建5个维修小组，布置工作事项，等忙完这些已近黎明。刚刚躺下，4.7级的余震把大家震得跑出楼外。"干脆直接干活去！"检修服务队自此开启首战。5月24日上午，张志勇、刘春胜到成都军区某营院检修完后，又步行3公里到军队干休所等地检修7部电梯。他们仅用3天半时间，就完成了7天的任务。

江苏技术服务队的韧劲让人动容——

队员们在检验中要穿上一双共3斤重的厚底鞋，在检修电梯时，对遇到钉子等带毛刺棱角的尖物管用，但是穿久了会磨脚。正常情况下，1人1天检验电梯5到8台，可是他们现在每天检验40台。饿了吃口自备的干粮，渴了喝口自带的矿泉水。22双被鞋磨破的脚惨不忍睹，江苏队临时党支部书记李明特别心疼，担心队员们吃不消，但是没有一个人有怨言。队员张健在检验中不慎崴脚，用红花油抹上还一直肿着，但是他咬着牙关天天冲在第一线。

河南省特种设备震灾技术服务队的作风让人叫好——

20名技术服务队成员中，有11人在单位担任中层以上职务，其中15人是检验师，他们携带帐篷和工具箱，5月22日到达成都当晚，就与当地质监局召开任务对接会。5月24日上午，服务队来到都江堰蒲阳路上的交通压缩天然气加气站，检验设施是否安全，一个个干得浑身沾满油污。5月25日下午，队员朱广慧、韩建军在成都一幢12层高的居民楼检验电梯，满头大汗地从狭小的井道来到楼顶机房时，突然大楼左右摇摆，他们立即转移到机房外面。所幸当时不在井道内，否则后果不堪设想。等他们完成检验回到住地，才知道距离此地不远的青川发生了6.4级余震。

广东技术服务队的速度让人惊叹——

在成都武侯区晋阳路，出于安全考虑，23台高层乘客电梯在汶川大地震后一直停用，这使得218号颐和雅居小区1100多户人家的生活受到了影响。正在附近抢修电梯的队员钟伟东、钟伟森接到指令后，马上会同生产、维修保养公司一起赶往事发地点，对23台电梯认真检查。经过4个小时的紧张抢修和检验，18台电梯的隐患得到及时消除并恢复运行。

上海技术服务队的意志让人钦佩——

5月22日，上海技术服务队从浦东机场出发，钱耀洲将第一份入党申请书递交到临时党支部书记李炜手上。这位40多岁的高级检验师，想在艰苦环境中以实际行动接受党组织考验，为抗震救灾作出积极贡献。正在新家忙装修的杨健接到出发命令时毫不犹豫地参加了服务队。每天高强度的工作，让小杨脚上磨出一个大水泡，没有药，他就用餐馆里的食盐涂抹消毒，一直忍着疼痛完成了抢修任务。5月23日下午3点，已经检测84台电梯的4名青年队员，当听说离重灾区都江堰不远的四川教育学院还有两台震后停用的电梯时，便不顾疲劳和余震频发的危险，立即租车前往检验。

山东省技术服务队的精神让人泪目——

带着当年淮海战役用小推车支援前线的精神，全体队员一到四川就停不下手脚。29岁的山东特检院东营分院电梯室主任谢峰，出发前几天，妻子小产了。是否去四川救灾？夫妻商量决定，先国家后小家。他毫不犹豫地和13位队友一起带着仪器、帐篷和干粮飞赴灾区。一直不断给家里报平安的聊城市特检分院副院长杜心利，出发的时候就有些发烧，但是没有告诉家人和队友，而是主动请战参加救灾服务队。来到绵阳后，他一边偷偷吃药，一边参加救援工作，直到发展成高烧，大家才知道。本来在家照顾病人的潍坊分院副院长陈全，自己天天往家报平安，但是当看到家中发来的"平安"二字，心中却有一股暖流涌过，工作更加忘我。每天18个小时的工作量，住着帐篷的队员们有时靠着电梯就能睡着。但是他们仍然以顽强的毅力努力工作，就是想让灾区群众早一天用上电梯。

特种设备人在特殊时刻，用特别的手笔书写了一份人生的特别答卷。

跟踪追击

饱受地震灾害煎熬的四川特种设备人，有的强忍着失去亲人的痛苦，有的强撑着受伤的身躯，有的忍受着极度疲劳的折磨，毅然决然地为特种设备排险抢修，为老百姓送去安宁和方便。

空气中氨气的味道越来越浓……

汶川大地震发生后的第7天，正在绵阳市安县老城区安昌镇（距北川县城20公里）进行环境监测的绵阳市环境监测支队，监测到安县诚信肉类有限公司附近空气中的这一异常。正在安昌镇进行安全检查的国家安监总局领导闻讯赶到现场，共同研究抢险方案。

下午两点钟左右，求助电话打到了绵阳市质监局特种设备抗震救灾领导小组办公室。

简短沟通交流以后，领导小组立即意识到，有可能是诚信肉类有限公司的制冷工艺管道在地震灾害中受到损害，发生了氨气泄漏。一直处于待命状态的绵阳市质监局特种设备安全应急小分队，在牵头人何光荣的率领下，火速出动，调用液氨槽车赶往事故现场。

行进途中，抢险小分队了解到一个新情况：槽车的接口与储安罐的接口不匹配，无法在短期内使用槽车将液氨倒出。抢险方案立即被调整。

切断气源，疏散人群，紧急排查……一系列的专业化操作以后，泄漏点很快被小分队的专家们确定。原来该公司制冷设备系统里共装了近4吨液氨，氨的浓度达到99.8%。由于制冷设备系统的工艺管道在地震中产生位移和严重变形，管道的密封处出现了很多泄漏，造成氨气大量外泄。如不及时处理，全厂职工及周围灾区群众的生命安全将受到严重威胁。

现场会诊以后，小分队先切断液氨储罐与工艺管道的联系，迅速降低泄漏量，彻底排除泄漏隐患后，再调度液氨气瓶，将液氨倒出转移。

一桩险情结束了，他们却丝毫不敢松懈，立马举一反三：全市在地震灾害之后，还有多少类似于诚信肉类有限公司的安全隐患存在呢？

一场大排查立即在地震后的绵阳市全面展开，结果又有3处类似的隐患被成功排除。

地震当晚，绵阳市所有特种设备抗震救灾领导小组成员连夜待命。而在地震发生后仅仅半小时，在余震不断的情况下，应急小分队就立即对绵阳市最大化工企业美丰集团绵阳分公司，和部分压缩天然气充气站等单位的重点特种设备，进行了安全排查。

5月14日清晨，就在地震发生后第二天，北川县通信全部中断。

为了了解此次受灾最严重的北川县著名景点——猿王洞景区特种设备的受灾情况，应急小分队火速赶往此处。考虑到地震发生时景区内的4条客运索道、1条滑道、1条滑索等正处于营运状态，可能会导致部分设备损坏、游客被困等其他不可预测的后果。虽然面对着余震、山体塌方不断发生的险情，而且道路不畅，应急小分队还是决定前往救援。

小分队队员徒步绕道向猿王洞进发。虽然经历艰险，但还是及时到达了目的地。

找人，排查，救援……

幸运的是，曾经的特种设备应急救援演练发挥了作用。在景区组织的自救中，当时正乘坐索道悬挂在高空的数十名游客，被施救人员使用专用绳索安全转移到山下，全部成功脱险。

直到此刻，救援人员悬着的一颗颗心才放了下来。

冲不破的"堤坝"

老天爷发怒了！

震耳欲聋的炸雷，把中原上空撕开了一道道口子。犹如一条条火龙的闪电，耀武扬威地狂舞起来。

顷刻间，暴雨从天而降。不一会，暴雨汇集成了数不清的巨大瀑布，飞身直泻中州大地。

2021年7月18日晚8点到20日晚8点，郑州市特大暴雨降雨量高达617.1毫米，等于3天下了1年的雨水！

暴雨成灾，众多特种设备受损，很多地方陷入瘫痪状态。

灾情就是命令！

几乎就在同一时刻，11个省、直辖市的100多名检验人员火速驰援来了；国家市场监管总局特种设备安全监察局副局长张宏伟率领专家团队赶到现场了；河南省特检院组织60多个抢修小组，在副局长杨自明、处长左斌、院长张华军率领下，兵分三路迎着困难冲到了最前线。

火车站，电梯间，地铁内……一场场紧张的战斗打响了。

硬汉硬功夫

从7月28日开始，检验二所的高级工程师赵科就和同事一起钻进地铁站，去"啃"最难啃的一块硬骨头。

在人民公园站，现场的景象让他震惊：所有的设备就像刚刚从臭水池里打捞上来一样，遍体糊着腥臭味极重的泥沙。从哪里下手呢？这位参加过汶川大地震电梯保障任务的40岁硬汉眉头一皱，计上心来：用最笨也最管用的办法开干吧！

他用抹布将受检部件上的泥沙和油污逐个擦拭干净，其他人在他的带动下也积极行动起来。此时，棘手问题出现了，浸水沾泥的转向轴承没有办法在现场检验。因为它是扶梯的主要受力部件，如果不洁净，就会发生异响，导致运行不稳，甚至损毁电梯，酿成严重的事故。

现场条件所限，一时打不开轴承装置，赵科一番琢磨，就采用"注油法"修理：黄油从轴承注油孔打进，观察挤出来的油污是否有锈蚀残渣，从而判断轴承内部状况，结合动态试验，研判其能否继续使用。这个办法得到多个专家肯定后，他们便对51个有类似疑惑的轴承进行现场检查。

扶梯下的机舱多数受损严重，里边又热又闷，赵科一米八的大个子，穿着密不透风的防护服，蜷缩着身体，全程蹲着干活。修理1个小时左右，就撑起身体歇一会儿。站起来瞬时头晕目眩，腰就像断了一样。此时，他就一个信念，坚持，再坚持！

由于时间紧任务重，赵科加班已成常态，每天工作时间至少在12个小时，中午无休，有时候连午饭都吃不上，在地铁3号线的检验，只能晚上停站消杀之后进行。他深夜11点进场工作，顶着难闻的气味，一干就是一个通宵。

每每披星戴月来到现场，再带着一身油污回到家中，看到东方泛出鱼肚白，身心疲惫的他一下子瘫倒在沙发上。单位领导看在眼里，疼在心里，特地给了他26天调休假，但他哪肯回去休息，仍然奋战在抢险救灾的岗位上。

8月27日，妻子王君利用双休日，带着小儿子从焦作市来到郑州，探望连续抢修电梯顾不上回家的丈夫赵科。哪知道他租住的房子是重灾区商都嘉苑的13楼，这里已经断水断电，商铺关闭一个月，夫妻俩只好在小区相见。半个小时后，王君依依不舍地带着孩子返回焦作。

临行前不想离别的儿子大声哭着："爸爸，你要到哪里去呀？"妻子忍着泪叮嘱："你可要注意安全，多吃点好的。"丈夫摆着手，早已是泪流满面。

为了居民的微笑

7月30日，检验员孔维胜被火速派往郑州人民医院，抢修20台电梯。由于灾后住院患者突然增加，院方想尽快启用被封控的9台涉水电梯。小孔和同事首先进行环境确认，发现电梯机房底坑积水严重，上面漂浮着臭味刺鼻的垃圾。想到患者的痛苦和自己肩上的责任，两位工程师毫不犹豫地进入底坑，排水挖泥，处理线路板，一口气干到中午。

加快检验速度唯一的办法就是不脱防护服接着干。他们默契地拿起工具包，又进入新的电梯间。9台电梯中，急停开关和缓冲器开关损坏得最多，更换起来也最费工夫。他们忘记了饥饿劳累，挺着疲惫的身体，蹲在狭小的空间里，一丝不苟地开展检验和调试，及时烘干线路控制模块，换上安全合格的配件。直到给所有电梯检验合格后贴上绿色标识。

小孔正准备返回家中，却又来了新的任务：日立电梯河南分公司地下室积水倒灌，进入11栋楼的电梯底坑。因物业不能提供涉水电梯服务和居民发生不快。了解了管理方所有情况后，他耐心地告诉情绪不安的业主："33层高楼，电梯安全最重要。电梯是机电设备，配件浸水后使用极不安全。我们连夜抢修好一台，先解燃眉之急！"他一番话，赢得了众人的理解和支持。

经过彻夜奋战抢修，一台电梯终于能用了，居民们脸上露出了舒心的笑容。

痛并快乐着

检验工程师李昌杰因洪水封楼，无法出门参加抢修，这可急坏了他：家住航海路蓝钻小区18层楼，周围水深淹过人头，家中没水没电没信号。为了保障家人用水，只好登上楼顶接雨水冲厕所。情况一有好转，他第一时间赶到单位，夜以继日地参加抢修会战。

8月30日深夜，他突然腹部疼痛难忍，赶紧在爱人的搀扶下到医院就诊，原来是输尿管结石和左肾积水。医生建议他立即住院治疗。但他想到电梯保障性检验正值紧张关头，就请求医生打了止痛针，拿药回家吃。

第二天旭日东升，李昌杰带病来到鑫苑鑫都汇商场，对现场8台扶梯进行涉水故障检测。这里是人流密集场所，扶梯安全事关重大。小李强忍病痛，上上下下忙个不停。中午时分，腹痛又急剧发作，他吃了一片止痛药，休息一会，又投入工作中。经过认真检测，他发现一台自动扶梯转向站检修盖板电气开关失效，扶手防爬装置丢失。直到抢修完毕、检验合格签字后，他才和等在大楼外的妻子一起，去医院做了"体外碎石"手术。

第二天早上，昌杰不顾领导的劝说，又奔赴中原工学院家属院的电梯抢修现场。这是个老旧改造小区，6层楼虽说不高，但是老人小孩多，电梯遭水浸泡后，停止运行给群众生活带来很多不便。小李进入底坑，发现液压缓冲器渗水，于是立即对保护装置进行了更换，然后对潮湿的电气开关做了烘干处理。

一切检验合格后，小李仰头一看，只见电梯井道上方有亮光出现，此梯两头来水的症结终于被找到。他随即告知物业公司，按合同规定进行了修补。

完成全部任务的那一刻，小李的疼痛感几乎消失了，浑身感到一阵阵的痛快。

冻不毁的雕像

2008年1月，历史上罕见的雨雪凝冻灾害，突然袭扰我国南方广袤的大地。

受灾严重的贵州，一些地方电网崩溃，交通中断，农作物受损……

恰在这时，百里之外的织金县城，一座液化气站出了故障。老百姓的生活受到了严重影响，需要紧急维修。

而通往该县城的道路结满坚冰，人在上面每走一步都很艰难，车辆上路更是险象环生，难上加难……

但在那儿，5万居民等着天然气做饭。怎么办？

惊魂"摇摆舞"

此刻，贵州省特检院领导接到紧急求援后，商定由副主任许可和检验员兼驾驶员徐彬火速驰援织金。

时年56岁的薛永龙不知从哪里得知消息，特地找到院领导请战："我跟他们一起去，多一个人就多一份力量。"

院领导听后连连摇头："不行，不行！你有哮喘病，这么冷的天，犯病了可不得了。"

"没有事。我必须上！"老薛恳请领导批准。

领导心里清楚：要是让他一起去，完成抢修任务的把握性更大。

这位1952年出生的老特检人。当年从上海下放到贵阳农村当知青，后来凭着勤劳和聪明考入贵州化工学院，毕业后分到特检院，总是重活累活抢着干。如今有重要任务，谁能不会想到他呢？

拗不过老薛的倔劲，领导终于松口了："你可以去，但一定要注意身体和安全。"

他高兴得像个孩子似的，马上收拾行装和两位战友踏着冰雪出发了。

贵阳到织金70多公里，只有一条国道可以前往。刚出贵阳市区，在明亮如镜的结冰路面上，车轮开始打滑起来，1米、2米、10米、20米……就像蜗牛爬行一样的皮卡车，半小时内也就前进了几公里。

徐彬凝神静气，稳稳地握着方向盘，警惕地注视着正前方，小心翼翼地向前行驶着。

突然，车轮猛地打滑，甚至跳起了"摇摆舞"。

赶紧停车！徐彬下车查看，"哧溜"一下，险些被撂倒。他的心一下子提到了嗓子眼。

"要么打道回城？"一个念头马上冒了出来，但瞬间便放弃了。

想想几万人正等着用天然气做饭，想想老百姓翘首以盼的眼神，许可他们3人的脸上，顿时露出坚定的神情："开弓没有回头箭。宁可让自己多冒风险、多受累，也要让百姓早一点用上气。"

打起十二分精神，继续艰难前行。手冻得冰冷，脸冻得发乌，浑身冻得直打哆嗦，他们相互鼓励，谁也没有发出一声抱怨。

北风的呼啸声，他们此刻当成了陪伴的音乐；车辆的左摇右晃，他们此刻当成了一次刺激的游乐……

也许是车轮慢慢适应了冰面，也许是他们的毅力打动了冰雪，4个小时后，皮卡车犹如爬行一样，终于"爬"到了织金县城。

老规矩，我先上

趁着午间气温回升，他们对付着吃了几口饭，就开始检验。许可带着小徐卸检测装备，老薛拿着加气站的技术资料，认真比对数据，检查3个大储罐的作业环境。

准备好磁粉探伤仪和测厚仪、穿好防护服后，老薛说："老规矩，我先上。"然后便钻入100立方米的储罐中。残存的液体释放出刺鼻的味道，加上难以直立，令人十分难受。薛永龙认真查验罐体打磨精度，然后检测起来。

第一个储罐检验完毕，老薛已经满脸通红，嗓子也发出了"嘶嘶"的声音。同事知道他哮喘病又犯了，赶紧扶他坐下休息。谁知稍微喝点热水后，他又催促大家："不要太在意我，争取两小时检测完一个。"只见他扶着腰，配合两位工程师，检完剩下的两个大罐，修好密封不严的阀门，顺利完成了任务。

一路艰险劳累，让3位抢险队员浑身的骨头就像散架一样的难受。此刻，他们多么需要休息，多么需要补充一些营养，多么需要等待一个晴好的天气再返程。

但是，新的抢险任务还等着他们，必须及时返回贵阳城。

第二天上午，他们踏上了返程的道路。

车辆打滑的状况又重现了！弥漫着的大雾，更让归途蒙上了一层阴影。

车子左摇右摆得更加频繁了，摇摆的幅度也越来越大。老薛双手紧紧地抓着前排座椅上的靠背，肚子里仅有的一些食物也被摇得直往上涌，差点吐了出来。

汽车喘着粗气，吃力地爬上了一个高坡，紧接着碰上了一个弯道，徐彬谨慎地放慢了速度。

谁也没有想到，危险正在悄悄向他们袭来。

足有50米高的陡坡上，路面冰层越来越厚，越来越滑。驾驶员把方向盘握得紧紧的，眼看就要爬上陡顶，突然汽车剧烈地左右摇晃着，随着弯道飞快地倾斜着，不一会儿便侧倒在地，飞快地翻滚着。一眨眼工夫，车就从52米高的陡坡翻滚到路边的沟底。巨大的惯性，将薛永龙一下子甩出了车外，头部恰好撞到一块大石头上，鲜血顿时染红了石头，他当场昏了过去。许可腰部和眼部也受了重伤，浑身动弹不得。

受轻伤的驾驶员徐彬赶紧向织金县有关方面电话求援，第一时间将老薛送到医院抢救，但令人悲痛的是他终因伤势太重，抢救无效，失去了宝贵的生命。

永恒的身影

薛永龙工作积极努力、敢于担当的身影，是那样清晰地浮现在全院干部职工眼前。

许可在医院治疗的病房里，流着眼泪哭诉："薛哥，您10天前刚刚从上海参加女儿婚礼回来，发喜糖的时候告诉我，56岁了，再过几年就光荣退休，刚好可以回上海带外孙。您怎么说走就走了！"

徐彬在哀思中，给同事们讲述了一个师父历险的故事：2003年初夏，他在薛永龙的带领下，到贵阳化肥厂检验检测料塔。竖立在眼前25米高的料塔，是企业生产尿素的核心装置。内筒壁和底部情况复杂，检验难度大，技术含量高。面对这个高难度的检验，薛永龙的嘴边又蹦出了那句话："我上，你们配合。"

只见他系好安全带，被吊至料塔的底端。直径不足1米的不锈钢圆筒内余温烤人，氢气、甲烷和探伤使用的喷液超级刺鼻，老薛哮喘病被呛得发作，咳嗽不止，他顽强忍受着，一点一滴地精心检测，以求数据准确。

谁知就在此时，卷扬机上吊他的绳索断了，老薛一下子卡在里边动弹不得，情况非常危险。年轻力壮的徐彬立即参加救援，最后更换新绳索，设法把薛永龙救出，并立即送往医院。几天后，身体恢复的师父告诫小徐："这次检测的数据是好的，但是防护措施不到位，是个严重的教训。搞特种设备检验一定要严谨、专业，安全第一，你要谨记！"

"师父，我记住了！"徐彬深深鞠了一个躬，眼眶里充满晶莹的泪花……

07/
巧借"东风"

题记： 特种设备安全监管，要下一番绣花功夫，成于细，贵以精，重在恒。用"细心"落实落细，用"精心"精益求精，用"恒心"善作善成。

江淮三月，春暖花开。和春光一样明媚的，还有江苏博特新材料（泰州）有限公司特种设备安全负责人何爱军的心情。

只见他哼着小曲，打开电脑，鼠标一点，全公司100多台特种设备日检、周检和月检情况立马尽收眼底。要知道，这些资料以往是需要他到公司每个车间每台设备去逐一收集的，一套流程走下来，常常身心俱疲。

2022年，借着泰州市实施"智慧监管"（"智慧安全芯"工程）的"春风"，该公司每台特种设备都被赋予了一个身份信息码的"智慧芯片"，设备的日常维护保养、定期自行检查、隐患排查治理等工作，一下子就可以轻松搞定。

巧借大数据、物联网等智能手段"东风"的"智慧监管"，是新时期特种设备安全监管探索的一项新举措。

不仅仅如此，为积极应对新技术、新产业、新业态、新模式下特种设备安全形势，全国特种设备监管部门还大力探索并实施了基于风险的检验技术、基于多部门互动联合的电梯保险等一项项新举措，使特种设备安全监管不断跃上新台阶。

破解智慧的"密码"

自从实施"智慧监管"后，何爱军的安全管理员角色定位也发生了转变，从裁判员、运动员一肩挑，转变为真正的裁判员，身上的责任更加清晰明了。

作为苏中门户，又处于上海、南京、苏锡常等都市圈重要节点位置，泰州市近年来经济发展迅速，特种设备数量达到115万台，可特种设备安全监管人员仅仅150人左右。

面广量大，事多人少，职小责大，这是基层市场监管部门特种设备安全监察面临的普遍难题。

如何有效地坚守安全底线？特种设备人用一把把创新的"钥匙"，破解了一把把难开的监管之"锁"。

扫码"扫"出新感觉

2022年8月14日，山东郓城县，一个普通的清晨，穿城而过的宋江河静静流淌，河岸两畔的人们脚步匆匆。

但今天对郓城县安信天然气有限公司安全管理员高鑫来说，却不普通，又到了每半个月一次的隐患自查和上报时间。公司承担着城区内燃气供应，他的肩上担负着保障20多台特种设备安全的压力。

如今已经没有往日的慌乱，只见他气定神闲地走到设备间1号压缩机缓冲器组件旁边，用手机扫了一下机器上的二维码，"滴"的一声，设备的名称、状态、使用证编号、检验机构、登记日期等数据信息立刻"跳"了出来。

2021年1月，郓城县研发出的特种设备智慧化监管平台，推行一台特种设备赋予一个二维码，一台特种设备一个"身份证"模式。只需扫一扫，特种设备的"家底"便一目了然，解决了特种设备存量大、增量多，且"身份"不清、责任不明的实际问题。

在这些功能中，有一项让高鑫为其竖起了大拇指。由于公司特种设备较多，管理人员少，每台设备的检验周期不同，有时一忙就会发生逾期未检的情况。高鑫表示："智慧监管APP提前一个月就会发送预警信息，这下全公司特种设备状况我都了然于胸，提高了管理的质量和效率。"

此刻，从安信天然气公司往西北方向7公里，郓城县特种设备安全监管预警平台上，62平方公里的郓州街道缩略电子地图页面上面正闪烁着绿点和黄点。旁边的三行黑体字非常醒目：正常运行75台，即将到期71台，逾期未检0台。

郓城县在特种设备智慧监管APP里，先后开发了电子地图、企业信息推送、图片视频上传、实时监管查看等功能，监管人员足不出户，就能对全县的特种设备家底了如指掌。

与郓城相距300多公里的山东省沂源县，更是探索建立起了比居民身份证更翔实的数据模式。

通过手机扫码就能扫出该特种设备的"一生"履历及健康状态。另外，还有设备的检验日期、检验结果和下次检验时间等信息，均能一码体现。

一个码就能替代一摞纸质材料。如今，各基层监管部门都建起了特种设备智慧管理平台，将安全监管与信息化技术深度融合，将监察APP、检验APP、企业PC端、微信公众号等应用终端信息，实现资源整合共享、一网统管，用现代数字技术为特种设备安全发展"蹚"出了一条新路。

在顶层设计方面，国家市场监管总局建立了"特种设备行政审批信息数据安全审计机制"和"特种设备行政审批信息数据归集机制"，同时，与全国所有省份建立了特种设备获证单位许可和使用登记信息的数据归集通道，可按日交换信息。

创新与求实的有机结合，让大数据为"特"所用的步子更快更稳。

"线上"风景线

"一靠腿，白天多跑跑，隐患才能少，晚上就会睡得好；二靠嘴，喊破喉咙磨破嘴，宣传发动才有底。"这两句顺口溜，曾在江苏泰兴市场监管局城中分局的特种设备安全监察人员之间颇为流行。

如今，轻点鼠标，通过特种设备智慧监管企业通知系统，全区69家特种设备使用单位，3分钟就可以把文件传达到位，还包括企业接收后的信息反馈时间。以前，从文件印刷、分发到反馈信息，至少1周时间才能完成。

用智慧之手改写沟通速度的，还有相邻地区南通市。

从南通通新裕昌纺织有限公司到市场监管局特种设备服务窗口共48公里，开车来回需要一两个小时。企业正好有一台锅炉亟须更换燃烧器，负责人季飞飞使用特种设备企业端云平台，从办理改造开工告知手续、网上申报检验，到最后使用登记变更，每个流程当天申报，当天审批，当天办结。

"没想到，原本要跑一个月的事，现在敲敲键盘就搞定了！"季飞飞感慨地说。

"待网上审核通过，注销表就会快递寄给您，不需要您支付费用。"当浙江嘉顺金属结构有限公司南通分公司负责人沈总收到这条信息时，心里充满感动。

原来，因企业搬迁，他拆除名下5台起重机后便离开了南通。市场监管局监察人员在了解到这一情况后，得知他人在浙江嘉兴，回南通办注销手续不方便，便主动在网上指导他申请注销。短短几分钟的互动，注销手续就办好了。"这几分钟就如同沐浴在春风里。"沈总很是感慨。

过去，企业购买使用特种设备，至少要在监察机构、检验单位、登记机关之间来回奔波4次，如果资料准备不充分，更是反复往窗口跑。为了让数据多跑腿、群众少跑路，南通市市场监管局全面归集特种设备信息，建成特种设备"云平台"，实现设备从安装、报检缴费到注册登记的全程不见面。

在贵州，检验检测报告从数据录入到领取20分钟就完成；在山东兖州，特种设备变更登记不到20分钟就办完；在江苏丹阳，网上报检不到半小时就搞定……

近年来，全国各级市场监管部门大力推进特种设备的"智慧监管+政务服务"，全面推进"一趟不用跑"和"最多跑一趟"，让企业和群众办事像网购一样方便。

多彩的"信号"

"尊敬的乘客你好，电瓶车入梯属于不安全乘梯行为，存在巨大的安全隐患，本电梯已安装安全装置，电梯暂停运行……"

2021年11月的一天，家住浙江杭州富阳区公元名家小区的王先生下班回家，想和以往一样把电瓶车推上楼充电，一进电梯却听到了这样的警示声。

没办法，王先生只得退出电梯，到物业处一打听，才知道小区刚刚完成了智慧电梯系统加装，今后凡是出现电瓶车进电梯、踩踢电梯、困人、遮挡门等现象，电梯都会自动发出警示。

与遇到危险隐患，以声音警示不同的是，四川的遂宁是用不同的颜色来表示危险的等级。

"红灯停，绿灯行，黄灯亮了等一等。"这是交通安全的规则。

红灯亮起表示重大风险，橙灯亮起表示较大风险，黄灯亮起表示一般风险，蓝灯亮起表示低风险。这是遂宁用"四色信号灯"标示出的特种设备安全等级。

每天都要看看红橙黄蓝四色信号灯，检查特种设备的安全等级有没有变化，遂宁市市场监管局特种设备科科长王诚斌心中才有安全感。

据介绍，只要把特种设备信息、单位有关情况录入智慧监管系统，系统就会对相应的特种设备自动打分分级。黄蓝色信号灯为三、四级风险，由县区市场监管部门建立台账；红橙色信号灯为一、二级风险，由市（地级市）市场监管局建立台账。一级风险报市安全生产委员会办公室。列入风险管控的设备和单位，将对其加强监督检查和隐患整改闭环管理。

这种做法，与邻近的重庆经济开发区分级划分安全风险殊途同归。他们的智慧监管平台，针对设备使用年限、危险系数等大数据，进行A、B、C、D等级划分，从而对企业进行分级分类监管，做到A级少打扰、D级重点管。

打通风险防控"最后一公里"。在基层层面上，各地特种设备智慧监管平台，通过对系统内特种设备数据的采集、分析、运用，实现特种设备基础信息动态管理、隐患实时预警。监管人员通过智慧监管平台，根据不同风险等级采取不同监管措施，包括电话提醒、现场检查等方式，提升监管的有效性和针对性。

广东省在企业特种设备自主管理平台，为企业建立隐患排查风险治理模块，设定13项检验过程中有必要检查上报的问题清单，由检验机构通过数据交换推送至监管系统和企业自主管理平台，监察人员结合日常监察发现的问题，按照任务跟踪模式，推动问题整改闭环。

辽宁省打造特种设备智慧监管"双控"新模式，开展特种设备隐患风险的辨识与分析，实现特种设备位置、风险等级、责任部门、责任人等在线管理和查询。

江苏无锡注重"防"字为先，提前1个月通过界面预警、微信等多种渠道，发送检测即将到期提示信息。同时，在遇到高温、雷雨等恶劣天气时，通过平台向企业及时精准推送预防提示、注意事项等安全信息。

山东青岛特种设备数智化监管服务系统，根据特种设备使用登记证编号，为每台特种设备自动生成一个公示码，提供检验日期的临期、超期、预警、查询等信息，并提前1个月通过短信提醒企业。

江苏泰州通过"附近隐患查找功能"，能够快速找到附近1公里范围内的超期未检设备或未登记设备，方便检查人员第一时间找出隐患，及时督促整改、闭环处理。

江苏常熟运用智慧技术，将叉车操作人员与叉车设备按岗位逐台绑定，推行叉车驾驶积分制，做到凡用必持证，无证不上岗，违规要扣分，低分失资格……

在国家层面上，市场监管总局已建立了以实现事故情况收集和多维分析预警为主要目标的事故管理系统。对历年的4000余条事故数据，按照最新的数据质量标准进行了"清洗"，为特种设备整体事故分析预警提供了全面准确的数据支撑。同时，完成多维度的事故分析模块建设，可实现事故信息多维分析展示和关联分析，为隐患排查治理提供参考依据。

上下同心，左右协力。特种设备安全监管通过一个独具特色的模式，真正落到了实处。

"网眼"观六路

2022年2月23日，福建福州仓山区某液化气公司的生产车间内一片忙碌，"吱吱"的充气声此起彼伏。

此刻，5个人工智能"智慧之眼"如同"哨兵"一样矗立四周，从不同方向盯着气瓶充装秤上的一举一动。

10点35分，3号充装秤上工作人员在操作中不经意的一个违规行为被抓拍。

同一时刻，连接着AI（人工智能）"智慧之眼"的气瓶充装智能监管系统化身"侦探"，对比分析该条视频信息。

一个小时后，这家涉事企业和当地监管部门就收到了"侦探"发来的违规信息。

"以往气瓶充装监管靠的是人海战术，监管人员的脚还没迈进生产车间，违法违规操作人员早已闻风而逃，'撤离'得干干净净。"福州市市场监督管理局特安处副处长柯志强回忆，"不少违法违规的气瓶充装行为更是在深更半夜偷摸进行，很难监管。"

2021年6月，福州市市场监督管理局在气瓶充装环节引入AI识别技术，让机器代替监管人员，24小时"值班"生产车间。

一旦这位"侦探"判定气瓶行为属于违法违规类型，就会开启监管信息自动推送、企业证据反馈、监管部门线上线下监管核实等一系列闭环式监管流程，让任何一个气瓶充装中的细微违法违规操作都"插翅难飞"。

如今，凭借气瓶充装AI智能监管系统，福州市160万余只气瓶充装环节彻底展现在"阳光"之下。上线一年来，就抓拍固证并立案查处各类违规充装行为20起，吊销充装许可证1家。

特种设备人一次次创新，将智慧监管和信用监管统一起来，实现由被动监管向主动监管转变，由治标向治本转变，由事后治理向事前防范转变，不断地提升了特种设备的安全监管能力和水平。

江苏南通通州区的"天网"系统又添新景。叉车绑上支架变成登高的移动云梯，两台吊车并排停靠，吊钩成了做引体向上的吊环……

当执法人员在"天网"工程的实时监测里看到这波"高难度"的操作时，后脊一阵发凉。

南通市通州区市场监管部门开发出的"天网"系统，以信息化手段，应对特种设备监管领域"人少事多"的挑战，监管效能大大提高。

给每一个特种设备贴上二维码，多个摄像头分布在厂区重点位置,设备在运行过程中声光报警装置随之启动……这些都是通州区首批380家特种设备使用单位的标配。

旭东汽车零部件制造(南通)有限公司安全生产部经理李建军坦承,过去疲于应付执法单位检查,执法人员一走,生产中凭经验、凭感觉的危险操作仍然在继续;现在时时暴露在监控中,还经常收到监管部门的提醒和警示,安全的弦绷得更紧。

"对监管人员来说,过去执法履职为避责的心态十分普遍。'天网'工程实施后,原本走过场式的监管,正在向实用型精准型监管转变。"通州区市场监管局西亭分局局长赵小兵概括道。

特种设备关乎群众身体健康和生命安全,不能仅靠随机抽查、飞行检查,必须实行全主体、全品种、全链条的严格监管,把隐患当成事故抓。目前,越来越多地方市场监管部门利用人脸识别、物体移动捕捉、违规行为远程对讲等技术手段,实现了安全监管的智能化升级。

广东佛山采用"刷脸上机"的方式确保专人专机操作,实行"一人一号"远程视频动态监管,用"声光警报"有效防范事故发生;上海市崇明区建成"智慧景区"视频监控系统,通过大屏幕即可实时查看大型游乐设施、旅游观光车辆运行状况和人员操作情况;山东青岛运行"智慧行车"无盲区监管,运用云计算技术实现防撞人智能提醒与限速联动、车辆现场授权使用等功能,积极打造特种设备车辆使用安全的智能化实时监管体系……

"没有比人更高的山,没有比脚更长的路。"借助智慧监管的翅膀,特种设备"飞"向了"智慧安全"的新领空。

风险中追"新"

2001年5月28日，一个普通的工作日。国家质检总局办公大楼22层拐角处的一间大办公室内一片寂静。

时任特种设备安全监察局局长的张纲正伏在案头上，专心致志地批阅着文件。

突然，一阵急促的电话铃声响起。

人们所不知道的是，正是这刺耳的铃声，带来了我国特种设备安全监察史上的一次重要变革。

张纲拿起电话，里面传出中国石化集团公司主要负责人动情的声音。

电话长达半个小时，这位负责人向他推荐并申请试用一种"基于风险的检验（RBI）"技术："中石化一直严格地执行国家特种设备安全技术规范。我们不是挑战规范，只是想做一个新的探索。如果先在本公司40套装备上试用，每年就能节省成本20亿。"

20亿？尽管对欧美所用的RBI技术有所耳闻，但这样的"高回报率"，对政府和企业双方都有足够的"诱惑力"。

挂了电话，张纲的脑子开始飞速地运转。作为特种设备安全监察局的局长，如果要实行这项技术，可能会面临着两个挑战：一是理念上的挑战，监管工作要依法办事，挑战的是目前的法律法规和基本制度；二是技术上的挑战，这种技术将要共担风险，甚至监管部门所担风险占比更高。

挑战就是机遇！张纲他们开始了脚踏实地的应战。

触动让人坐不住

2001 年 7 月的一天，天清气朗，万米高空上有一架从北京飞往广东的飞机。

机舱里，大部分乘客已经酣然入梦，只有前排相邻的两位中年男士压低声音，从起飞后就开始兴奋地讨论着什么，还时不时地从文件包里掏出一本本资料放在面前。

其中，高个子乘客正是张纲，另一名是中石化的主要负责人。他们此行的目的地，是位于广东的中国石化集团茂名石油化工有限公司。

茂名，南方油城。作为国家"一五"期间 156 个重点项目之一，茂名石化 1955 年 5 月 12 日建厂，主要开采油母页岩来冶炼人造石油，是新中国自主建设的最早的一批炼油厂。

由于建厂历史长，该公司的压力容器数量多，门类齐全，管理相当规范，记录数据比较详细。因此，张纲他们把此地作为开启 RBI 调研工作的首站。

马不停蹄！

一大早起来就赶飞机，一上飞机就开始看资料，一下飞机就吃午饭，一吃完饭就直奔车间进行调研，察看高风险部位，询问管理方法……

相较于身体，紧接着召开的企业、专家、政府部门三方座谈会，则让他面临着更大的考验。

"这么好的一种检验方法，引入到我国石化企业，对我们来说是一件利大于弊的事情。""希望把这个方法引进来，在我们的设备上进行试验"……

会上，大家对此表现出了极大的热情。张纲感到一种无形的压力，如果自己表态迟疑或动摇的话，就会与当时的热烈氛围格格不入；如果就此表态同意的话，作为特种设备安全监察局局长来说，又缺乏足够的依据。

但他当场肯定了大家勇于探索的热情。

民有所需，必有回应。张纲回京后立刻开始了第二步计划：进行国内外相关情况研究比对。

据介绍，RBI技术是运用相关的数据库软件，对炼油厂、化工厂等工厂的设备、管线进行风险评估及风险管理方面的分析，依据这些分析的结果，再提出一个根据风险等级制定的设备检测最优化计划。其中包括：会出现何种破坏事故，哪些地方存在着潜在的破坏可能，可能出现的破坏频率和后果，应采用什么正确的测试方法进行检测等。

20世纪中叶时，石油化工企业事故频发。据统计，将近一半的事故与机械失效有关，而这一半的机械失效80%来自静态设备。因此，欧美专家发现：在大部分工厂里，20%的装置承担了工厂80%的风险；而剩余80%的装置只承担了工厂20%的风险。只要运用检验方法找到潜在高风险的20%装置，就能够控制整个工厂80%的风险，从而用最少的资源获得最大的利益。

20世纪90年代初，欧美工业发达国家开始RBI技术的研究，完整地提出了以风险为基准制定设备检验计划的RBI概念。

同一时期，我国对压力容器的管理出台了专门的安全技术规范，被人们俗称为"一三六检验制度"，即每一年进行一次外部检查，每三年要进行一次内外部检验，每六年停产进行全面检验。这个制度在20世纪80年代，面对当时压力容器的安全现状，是必要的、有效的、成功的。

但是，进入21世纪后，这些制度就对那些管理十分规范、检验数据比较完整的大型企业，如中石油、中石化等来说，会带来运行成本过高、企业利润下降、竞争力不足等问题。

显然，RBI技术能为特种设备安全监管找到一条安全性和经济性有效结合的新路子。但在我国，会不会出现水土不服问题？张纲的心里有些忐忑。

"软硬"兼施

2001年年底的一天，国家质检总局特种设备安全监察局大会议室内，座无虚席。

一位激情四射的专家正在讲解RBI技术。他叫陈学东，时任合肥通用机械研究院院长，主要从事压力容器与管道安全科学与工程技术研究。

台下，一片"沙沙沙"的记录声。张纲此刻听得如同一个小学生般认真。

RBI技术有很强的专业性，既然决定接受挑战，那么首先要了解它，研究它。特种设备局全体干部职工带头开展学习。紧接着，特种设备研究机构开始"冲锋"。

2001年，中国特检院率先开展了埋地管道的RBI研究工作。

2002年，中国特检院与合肥通用院在"成套装置风险评估技术研究与软件开发"项目中，开始系统研究风险评估工作。

同年，合肥通用院获得了科技部设立的社会公益研究专项——基于风险评价的石化装置与城市燃气储配系统承压设备安全保障关键技术研究。

研究中"卡脖子"问题接踵而至。自引进国外RBI软件进行计算后，虽然大大地提高了工作效率，但在使用的同时，几个较为突出的问题逐渐浮现：首先，国外软件使用费用较为昂贵，每年均需要支付升级维护费用；其次，软件的计算功能依照国外标准，并不完全适合我国国情；最后，软件数据也长期受制于国外，无法建立我国自有的基础数据库。

如同"中国人的饭碗要牢牢端在自己手中"一样，中国特检院的技术团队，把主攻目标放在了"石化装置RBI风险评估软件"上。

经过艰难的攻关和完善，该软件终于实现大范围成熟应用，从最初的单机单用户版本，到后来发展为云服务多用户版，在为企业定制化开发了动态RBI监测平台，实现RBI应用计算的同时，也积累了大量珍贵的数据信息，为进一步实现承压设备风险评估大数据综合有效应用奠定了基础。

相比国外软件，我们自主研发的软件构建了自己的数据库，同时在功能性及便捷性方面也有较大提升。

就是这样，没有经验，靠实战积累；没有标准，组织研究编写。从"零"经验、"零"标准，到最后形成一套完整的技术资料与法规标准。

北京城郊一个临时借用的会议室里，没有人计算过，专家团队在此熬过了多少不眠之夜。能够见证那段艰难历程的，只有几十万字的分析论证报告和几百份RBI标准研讨会的会议记录，以及保洁员每天从会议室收拾出的好几个装方便面的大纸箱。

从2010年制定《承压设备系统基于风险的检验实施导则》开始，我国实施RBI应用技术的国家标准逐步研究出台。至2014年，基于风险检验的5个部分系列标准，全部正式发布实施。后来还研制了其他配套标准和检验技术导则。

随着RBI相关科研深入进行，科技成果逐步转化为配套标准，改变了我国在RBI技术领域没有自己的技术方法、没国家标准可依的困局。

缩回的手举起了

2004年5月的一天，张纲站在质检总局一间办公室门外，左手拿着一份文件，刚要举起右手敲门，手却在空中迟滞了几秒，缩了回来。

这是原国家质检总局分管特种设备安全工作的副局长王秦平的办公室。

熟悉张纲的人都知道，他一向作风大胆，行事果断，为什么此时犹豫了呢？

这与他手里拿的文件有关：这是一份关于开展RBI技术试点的申请。试点这项技术，需要承担很大的风险，王秦平会同意吗？

迟疑了一会儿，他还是敲开了门。王秦平正要起身去开会，没想到在看了申请报告之后，说的一段话让张纲至今难忘："我不懂你们的具体专业，你觉得行就大胆去试，责任我来承担！我以前也在企业干过，这项工作的方向是对的，政府监管就不应该把企业管死，企业要有自己的竞争力。"

说完，王秦平郑重地签上了自己的名字，转身还轻轻地拍了拍张纲的肩膀。

就是这信任的一拍，一股暖流立刻传遍了他的全身……

2006年5月15日，国家质检总局办公厅发布了《关于开展基于风险的检验（RBI）技术试点应用工作的通知》，在中国石油化工集团公司系统内具备一定管理基础的企业，开展RBI技术试点应用，同时对相关问题作出了详细规定。从而为RBI技术应用提供了坚实的政策保障。

试点试出惊喜

RBI试点应用拉开了序幕。巍巍太行山曼延向北，在与燕山山脉相会之处，在首都北京的西南部大山与平原的过渡地带，封藏了一片热土。

这里是中华民族的重要发祥地之一。周口店龙骨山下的岩溶洞穴中，先民曾点燃神州大地文明之火；这里寄寓着人们对美好生活的向往，凤凰亭内的石碑上，镌刻着有凤来仪的传奇故事。

20世纪60年代，特殊年代、特殊历史时期的选择，让中国第一家现代化石油化工基地——燕山石油化工有限公司，在这片热土上生根发芽。经历了半个多世纪脱胎换骨、凤凰涅槃般的巨变，这儿从乱石满山的荒郊野岭变成了充满现代气息的绿色石化城。

这个一路书写着自己的辉煌和奋进故事的燕山石化，成为我国特种设备安全监察史上的又一个变革的亲历者、见证者。

2007年3月26日，燕山石化一片繁忙。

"从这一天起，开始如此大规模地全面利用RBI技术来进行特种设备定期检验，这在国内尚属首次。"时任中国特种设备检测研究中心压力容器事业部主任的贾国栋回忆起当时的情景，仍显得十分激动。

这次检验范围涉及化工一厂、炼油厂、合成橡胶事业部和化学品事业部，检验管道47万米、容器1882台。由中国特种设备检测研究中心承担这项任务，共出动检验人员140余人。

当时既要保证大检修的按时完成，又要尝试新技术的应用，不断调试修改数据和方法。每天都是晚上研究方案，白天现场做调试。大家每天都是连轴转，以厂为家，累了就在水泥地上躺会儿，困了就在狭小的办公桌上趴一会。

当时"参战"的人员中，有好多都是已经50多岁临近退休的老同志。他们重新捡起过去现场检验的经验技能，亲自登梯爬高，一个几十米的塔每天要爬好几趟。测绘、检测、记录、画图一肩挑，没有任何怨言。还有几个刚结婚的年轻工程师，为了这个项目，主动放弃婚假、年假，全身心投入燕山石化的RBI试点工作中。

燕山石化试用RBI技术，在优化检验项目的同时缩短了检修时间，帮助企业延长了装置运行周期，从而节约运营成本。时任燕山石化的副总工程师王光回忆道："燕山石化原本计划在2006年对厂内的压力容器、压力管道等特种设备进行大检修，但通过对RBI技术项目进行风险评估后，发现这些设备可以运行到2007年7月份。这样，延长的维修周期给企业带来的经济效益至少是上亿元。以裂解车间为例，设备停一天的经济损失就在3000万元左右。"

与此同时，茂名石化等企业的试点，也获得了成功。特种设备人的辛勤付出终于见了成效。RBI改变了过去承压设备固定周期、固定项目"一刀切"的检验策略，根据设备风险大小分类施策，合理配置检验资源。通过采用RBI技术"有的放矢"地检验，企业定期检验的时间大为缩短。

静悄悄的变化

一家家企业开始推广RBI，一系列成果让人精神振奋。检修周期从2~3年延长到4~5年，检修时间平均缩短10~20天，检验费用降低15%~35%，累计创造经济效益超过百亿元……

数字虽然枯燥，但足以说明，这项工作推动了特种设备安全监察史上的一个重要变革。

监管理念变得平衡了：政府部门的安全监管者，一改就安全谈安全，开始把安全性和经济性统一起来。

检验技术变得科学了：相比于传统的"一刀切"检验方法，RBI引入了信息化动态跟踪，要将多年检验的大数据积累起来作定性定量的分析，然后作出科学的判断，并且形成一套完整的体系。

企业内生动力激发机制变得有力了：RBI检验要进行前期评估，

只有达到应用的条件才能开展。这就倒逼企业强化质量安全管理，促进提质增效的进程。

如今，RBI技术在我国广泛应用已经快20年了，应用范围涵盖炼油、石油化工、煤化工、化肥等50余种（类）装置，累计发现安全隐患数万处。同时，取得了巨大的经济效益。

RBI的发展史上，我国特种设备人攻克了一道道技术难关，解决了一个个安全监管难题。

"十一五"起，我国逐步建立石化成套装置RBI技术体系，推动了RBI检维修模式变革，解决了石化装置长周期运行的难题。

"十二五"开始，以RBI技术为基础，推动我国炼化装置检修从"常规式体检"到"预知性检验"模式的重大转变。

"十三五"期间，深挖RBI技术中关键参数的控制变化，实现由风险评估到风险控制的变革，解决了设备本质安全风险防控的问题。

如今，在"十四五"时期，科技人员继续朝着数字化、信息化、智能化等新的目标前进。

给电梯装上"保险锁"

2021年4月的一天，正在江西南昌三经路一家写字楼上班的小王接到快递小哥的电话，通知到楼下取一个快递件。

他快步走向16层电梯，按键，电梯开门，进入电梯……一气呵成。

但是，今天的电梯却没有像平常一样顺滑下行。到达12楼时，只听"咣"的一声，突然停住了。

此时，总共有7人被困在里面。大家没有慌张，有人按响了警报铃。

10分钟后，在物业和维保人员的帮助下，电梯门打开，小王同其他6人获救。

一个小事故，没有惊魂却有"惊喜"——小王同其他人一样得到了300元的赔偿。

就困了一小会儿电梯竟然能"挣"钱。不仅江西有相关政策，还有江苏、重庆、山东等地，被困电梯15分钟或30分钟以上也可以申请赔偿，根据被困时长，最低赔偿金额大多在200元至500元不等。

钱从哪里来？当然是来自保险公司的理赔。因为这些地区为电梯购买了电梯责任保险。

促原动力发力

相比南昌的小王，家住河南省安阳市汤阴县某小区的靳先生就不幸多了。

在乘坐小区电梯时，电梯突然出现故障导致电梯下滑，靳先生受伤，经医院治疗共计花费12000余元。

不幸中的万幸，是该小区电梯也投保了电梯责任险。在接到电梯公司报案后，理赔员迅速赶赴现场查勘，及时联系到了靳先生并对后续理赔事宜进行了跟踪，根据电梯责任险的保单约定，这次事故核定赔偿金额为8900余元。

　　的确，这样的赔偿不仅为小区物业分担了风险，同时也为当事人挽回了损失。

　　在高楼林立的城市中，电梯是人们出行不可或缺的代步工具，同汽车一样，这样一个给人们带来便利的工具，万一出现重大故障，其危害不亚于"洪水猛兽"。正因如此，电梯的可靠性与安全性变得格外引人关注。

　　中国电梯协会调查数据表明，在诸多导致电梯安全隐患的因素中，电梯制造质量问题占16%，安装问题占24%，而保养和使用问题高达60%。

　　电梯机械原理较为复杂，精密程度高，在使用过程中难免会出故障。一旦出事，按照传统的电梯管理模式，电梯维保公司会被派去施救，物业公司作为电梯使用管理单位则负责善后。这种形式一般只能应对较小的电梯事故，也主要是用于事后补救，很难做好事前防范，在面对较大事故时往往捉襟见肘。

　　特种设备相关法律明确了电梯出现故障、事故时的责任认定和追究机制："电梯故障、事故造成他人人身、财产损害时，由电梯使用管理单位先行赔偿损失；损害赔偿责任确定后，属于电梯制造单位、电梯维护保养单位或乘客责任的，电梯使用管理单位有权向责任人追偿。"

　　"但实际操作并不容易。"多地的特种设备安全监察部门都反映，如果因小区住户使用不当，事故发生后，电梯使用单位——物业向业主挨家挨户去收取费用不现实，只能让电梯生产企业埋单。

　　为解决这些纠纷，经过探索，给电梯投保成为一种有效手段。因此，我国在很早就对这种方式进行了顶层制度设计。

2014年，特种设备安全法颁布实施，将"国家鼓励实施特种设备责任保险"上升到法律层面。

2018年2月，国务院办公厅印发《关于加强电梯质量安全工作的意见》，提出推动发展电梯安全责任保险，探索有效保障模式，及时做好理赔服务，化解矛盾纠纷的要求。

2020年4月，市场监管总局印发《关于进一步做好改进电梯维护保养模式和调整电梯检验检测方式试点工作的意见》，要求大力推进电梯安全责任保险。

与此同时，各地也出台了相应的地方性法规或文件，制定了具体的措施。如天津市出台了《关于推动开展全市电梯安全责任保险示范项目工作的实施意见》，山西省制定了《关于开展电梯责任保险工作的实施意见》，辽宁省发布了《关于全面推进电梯安全责任保险工作的通知》，江苏省发布了《关于推行电梯安全责任保险的实施意见》……

法律和制度，纷纷为电梯保险保驾护航。

让"触角"触底

一大早，负责浙江宁波潘火街道金桥花园小区电梯维保的张杨一走进轿厢，顿感困意全无，他必须打起十二分的精神。

因为他知道，"背后"有很多双眼睛正盯着他。他掏出手机，先扫了一下贴在轿厢的二维码打卡，然后正式开始了保养工作。

只有他一人在保养，"眼睛"在哪里呢？

原来，保险公司在所承保的每台电梯轿顶等5个关键点植入了芯片，维保人员对每个部位都必须按规定进行操作，每台电梯每次保养时间必须在50分钟以上。而且，维修保养过程的影像资料会实时上传，保险公司可以在后台实时监控。

"我们确认电梯维保公司合格后物业公司再支付相关费用，这无形之中就对维保公司起到了制约作用。"人保财险公司鄞州支公司高级主管舒衡深有体会。

宁波永达物业管理有限公司经理黄思王说，小区有电梯60部，没有投保电梯安全保险前，每个月发生七八起故障，现在只有三四起。"以往缺少第三方监督，有的电梯维修保养单位维保时走过场，十几分钟敷衍了事，现在不一样了。"

有同样感受的还有宁波如佳物业服务有限公司经理陈宏伟。他说，小区给17部电梯投保后，故障率明显下降。由每个月五六起下降到两三起，而且逐渐实现了零故障。

维保公司更加尽责了，电梯故障率下降了。这就是宁波创新采用的"保险+服务"机制为电梯运行提供的安全保障。

传统的电梯保险就是被保险的电梯在运行过程中发生意外事故，造成第三者人身伤亡或财产损失时，由保险公司承担经济赔偿责任。

宁波的电梯保险模式延伸了安全的"触角"。在电梯日常维保过程中，保险公司自主研发的"电梯卫士"手机APP系统与后台运行监督系统，维保单位按照国家相关标准完成保养服务，保险公司运用信息化管理系统提供维保质量监督和管理服务。

由此，保险公司成了电梯安全风险的管理方、监控方和保障方，主动控制风险预防工作，督促维保单位执行统一严格的标准，监控运行风险并及时处理。

在宁波，电梯保险有了升级版，采用了"保险＋维保监督＋维修更换"模式，在保持原有的人身和财物保险保障与维保监管的基础上，增加了对电梯配件更换的保障。

如今，宁波保险创新土壤上再结硕果，"保险＋服务＋检测"模式也开始应用。这种模式是在提供电梯乘梯人员风险保障、配件更换及对电梯维保监督的基础上，加强对电梯检测质量监督，减少检测过程中发现的属于保单配件更换责任的损失。

神州大地，电梯保险之花竞相开放，成了一道呵护百姓生活的亮丽风景。

为电梯"养老"

同样是在浙江，与宁波相邻的省会城市杭州却采用了另外的一种模式。

5年前，杭州市拱墅区大浒东苑与另外两个小区成了第一个"吃螃蟹的人"——签下全国首份电梯"养老"保险。

"当时能够争取到试点，大家都很兴奋。"业委会主任吴国富回忆道。大浒东苑BC区是2008年建成的安置房小区，总共11幢楼30个单元，全是高层。

在投保之前，大浒东苑BC区9幢1单元的电梯已运转10年，停运、忽上忽下等情况时有发生，故障频出。不仅居民们懊恼，电梯维保单位的服务也令业委会和物业感到不满。

"有时候要更换的零件缺货，一拖就是一个月。"吴国富说，之前几次电梯故障，维保单位的维修速度较慢，而且在维修费用上双方也会出现争议，"有次换配件，维保单位说配件要3000多元，但我们咨询了专业人士，说不到千元就能买到。"

维保走过场、以修代保、小病大修的乱象导致电梯故障频发，而物业和业委会存在专业知识、监督手段匮乏等不足，正是出于这些原因，听说电梯可以上"养老"保险，大浒东苑BC区毫不犹豫"举手"。

5年时间过去，大浒东苑BC区业委会与物业真心觉得这份电梯"养老"保险买得值。

BC区物业主任张弘回忆道，早先几乎每天都会接到小区电梯出问题的电话："电梯困人每个月都有四五次，被弄得焦头烂额。"但现在，电梯出故障的频率下降了许多，"电梯困人几乎不发生了，一个月也就接到五六个电梯报修电话。"

与此同时，花在电梯上的钱也更少了。小区总共30部电梯，参保之前，每年500元以下的小修大概要花10万元，500元以上的大修也要花十几万元，维护保养单位的价格是10万元左右，加起来要三十几万元。而参保之后，6台新梯的保费是每台每年6500元，另外24台旧梯的保费优惠后是每台每年9000元，加起来只需要25.5万元。

不仅省心省力，而且保险公司还把电梯的全生命周期都"包"了。参保之后，电梯的保养、故障、损坏、维修的费用保险公司全包，电梯在运行十几年后，需要大修改造或者整体更换时，保险公司也会承担很大一部分费用，并对出现意外伤亡人身事故进行赔付。

新模式为当地居民带来了好福利！老百姓乘电梯、用电梯，多了放心，少了烦恼和后顾之忧。

08/

"主体责任" 主沉浮

题记： 他们承担的是涉及生命安全的"特种责任"，
许下的是护佑平安的"特种承诺"。因为
生命至上，所以责无旁贷；因为安全第一，
必须一诺千金。

雪已住，风未定。一辆皮卡车迎风而上，滚动的车轮碾碎了地上的冰雪，却也很快被雪覆盖住了车头，挡住了去路。

望着路上最厚处大约 2 米深的积雪和一动不动的皮卡车，2022 年冬奥会黄山索道运管团队面临着一个重要的抉择：走还是不走？

晴空万里，天上没有一丝云彩，火辣辣的太阳把地面烤得滚烫滚烫，耀眼的光芒刺得人都睁不开眼睛。一阵南风刮来，从地上卷起一股热浪，火烧火燎地使人感到窒息。

看着眼前各个部门经过严格分析后呈报上来的材料，安徽合力股份有限公司（以下简称安徽合力）领导班子成员的心里，却丝毫感觉不到夏日的酷热。他们也同样面临着一个两难的选择：召回还是不召回？

一群跟自己在苦里难里一起拼打出来的好兄弟，积极开展技术攻关，大到新型小车，小到一个螺母，都要反复测准后才转入下道工序。车间里焊枪吐火，热浪滚滚，他们仅用 20 天时间就提前完成任务。

哪想到质检部检测发现，焊工在选择焊机割嘴时，误用了大一号的割嘴焊接，导致主梁波浪度与腹板焊接处产生偏差。外人看不出来，但是被判定为瑕疵产品。面对相关部门的说情和兄弟们哀求的眼神，河南矿山起重机有限公司（以下简称河南矿山）董事长崔培军，也面临一个艰难的选择：销毁还是不销毁？

"生存还是死亡？这是一个问题。"英国著名剧作家莎士比亚名作《哈姆雷特》里的这句经典台词，生动诠释了人们面临选择时的艰难。

无论是黄山索道运管团队、安徽合力领导班子，还是崔培军，在特种设备行业辛勤耕耘的他们，面临选择时都遇到一个重如千钧的词语——责任。

当前，我国特种设备总量超过1800万台。每台特种设备不仅关联着一个个生产、使用单位，更关系着十几亿人的生命财产安全。经过各方努力，我国万台特种设备死亡率已经降至0.08，达到了中等发达国家的水平。但是，在我国发生的特种设备安全事故中，企业质量安全主体责任落实不到位仍是主要原因。

安全责任，重于泰山。面对实际情况，全国市场监管部门通过各种方式，敦促企业严格贯彻落实"管行业必须管安全，管业务必须管安全，管生产经营必须管安全"，让"三管三必须"与企业全员安全生产责任制相呼应，促进企业督促各岗位严格落实安全责任，形成人人"讲安全、管安全、抓安全"的良好氛围。

各类特种设备企业也在制度、技术、管理、体制、机制等方面积极探索，不断创新，全面落实自己的"特种责任"。

站好"第一位"

质量安全，企业的"第一责任"；企业领导，质量安全的"第一责任人"。

"第一"要有"第一"的站位，"第一"更要有"第一"的担当！

扛起"第一责任"，成为许多特种设备企业的行动；扛起"第一责任"，压实了许多企业负责人的肩膀。

毫不含糊的选择

一夜风雪，苍茫大地，银装素裹，分外妖娆。

北京2022年冬奥会黄山索道运管团队负责人却无心欣赏毛主席诗词《沁园春·雪》中描述的"山舞银蛇，原驰蜡象"般美丽景象。

原来，由于寒潮来临，北京2022年冬奥会赛区迎来暴雪和大幅降温。赛区索道运行使用的是"上站无人运行"模式。第二天前往赛区运行索道前，谁都不知道上站以及靠近上站的支架情况怎么样、站内轨道有没有积雪、轮组有没有结冰等情况，只要安全存在一点不确定性，他们绝不贸然开车运行索道。

寒风凛冽，枝离花落……赛场决定用皮卡车送团队成员去上站，但没想到雪太大，皮卡车没走多久就直接趴窝了。

鉴于天气恶劣，车辆无法运送人员至上站，上站设备状态也无法确认，赛场相关负责部门给出了索道暂停运营的建议。

走还是不走？成为摆在团队面前的重要抉择。

这时，经过安全评估和商议，团队决定派一人徒步走到上站。副领队张长钢同志"抢"来了这份任务。顶着9级大风和零下18℃的严寒，沿着积雪深达20多厘米的赛道，徒步爬行1个半小时达到上站，他检查了设备，及时处理了冰雪带来的问题，确认无任何安全隐患后才启动设备。

战严寒，冒风雪，冒着危险也要带头上山确认设备安全，那是因为他明白：2022冬奥会是我国首次举办的冬季奥运盛会，也是特种设备首次直接参与奥运会比赛，索道如出问题，就会直接造成国际影响；那是因为他还懂得："安全为天"是黄山索道始终坚守的安全理念。安全比天大，责任比山重！作为第一责任人，随时都要站到"第一位"。

黄山是全国最早建设运营索道的景区之一，从1986年第一条索道运营至今，实现了37年安全运营零事故。这背后，"安全为天"的思想理念是其成功的"秘诀"之一。在这一思想理念之下，各索道负责人也是安全责任的"第一责任人"，通过"定格、定人、定责"，实现"横向到边，纵向到底"的责任体系，从而压实了主体责任。

提起"第一责任"，安徽合力总经理周峻总会不由自主地回想起当年决定召回的那个炎炎夏日。

"叮铃铃……"突然，一阵急促的电话铃声打破夏日的平静，也让安徽合力国内营销公司的工作人员更加忙碌起来。

"又是关于电池质量安全风险的报告。"听完电话那头的情况反映后，工作人员不敢怠慢，赶紧记录下来。

这已经是最近第十余起相关情况的报告了。经过综合研判，国内营销公司负责人深感事情重大，第一时间向安徽叉车集团有限责任公司总部进行了汇报。

2018年，正值三元锂电池开始在工业车辆产品上应用，安徽合力当年11月开发了小锂电托盘搬运车，全电动、轻量化，质量仅125公斤左右，大大降低了物流搬运的人力成本。同时，该车定价仅为5000元左右，价格远低于竞争对手的"小金刚"等产品，具有良好优势。

该产品一经推出，就成为市场爆款产品。但随着技术和安全测试手段的不断丰富，特别是在高温等极端工况下，三元锂电池安全出现风险预警。

2018年8月，接到国内营销公司反馈电池风险后，安徽合力的质量、研发部门开始对风险进行研判，并形成两步走的解决方案：第一步，变更新销售产品的锂电池配置，调整产品的性能匹配参数，使其更能适合极端工况条件，提升产品的使用覆盖范围；第二步，跟踪市场反馈，排除批次质量影响因素，并逐层向公司报告。

根据安徽合力安全管理体系要求，结合锂电池极端工况试验检测结果，研发、质量、采购、营销等多个部门开始召开多轮研讨专题会议，最终形成一份份重要文件，摆在了安徽合力领导班子案前，也让他们面临着一个重要选择：召回还是不召回？

召回，公司面临损失；不召回，客户面临危险……关键时刻，安徽合力领导班子果断拍板：立即宣布对已售产品进行召回。

2019年11月，安徽合力采取"全部退换"的方式，对涉及市场销售的整机进行了召回。最终，3000台产品从全球各地重回合肥，产品的安全隐患以不计代价的方式被消除。

事实上，这并不是安徽合力首次主动召回存在安全风险隐患的缺陷产品。

1986年，安徽合力利用引进技术，生产了一批叉车。当时他们就踌躇满志，想把这个产品打到海外市场去。

当第一批产品成功从上海港运送到欧洲的一个客户手中时，他们都高兴坏了。

孰料,客户在使用过程中发现了一些质量问题,包括零部件的可靠性、稳定性问题,以及外部的油漆经过海运以后,防腐性能减弱等问题。经过反复研究之后,安徽合力当时就决定把12台叉车从欧洲全部召回,然后进行从外观到零部件再到生产过程全方位的检测。

安徽合力的这一召回,不仅在企业历史上尚属首次,更是开了行业乃至全国产品召回的先河。

唯经历方知不易,唯抉择方知艰难。如果说20世纪80年代的召回行动,是安徽合力第一次意识到质量、安全的重要性,那么2019年的召回举动,则是安徽合力构建完善的质量安全防范体系后,践行质量安全"第一责任"的一次生动实践。

敢于向我"开刀"

2018年年底,九华旅游缆车分公司对相关责任人的一个处罚决定,在全公司引起巨大反响。

"总经理杨武军为安全生产第一责任人,对本次故障停机负领导责任,扣罚3000元;技术分管负责人彭志成对本次故障停机负有管理责任,扣罚月度安全奖1000元,并在分公司月度例会上作深刻检讨;根据缆车分公司安全考核细则,技术部经理梅世成对本次故障停机负直接管理责任,扣罚当月安全奖800元;技术部召开技术专题会议,分析故障原因与处置过程,通报处理意见、整改措施。"

处罚源于2018年12月23日上午,九华旅游缆车分公司发生一起站内故障停机,故障虽未造成游客滞留,但造成缆车停机27分钟。

事后经过分析,发现造成故障的原因是新更换的停车限位开关在正常使用两天半后，出现触点接触不良现象。

尽管此次事故的发生本质上属于备件质量问题，但九华旅游缆车分公司主动从自身找原因：技术人员在备件测试方法上存在不足，仅凭经验按照常规测试方法检测，由此造成故障停机，给公司造成了一定经济损失和负面影响。按照公司相关规定，就有了那张引发热议的"罚单"。

一次并不严重的"事故"，从"第一责任人"总经理，到技术分管负责人、技术部经理，都领到了不同的"罚单"。这是九华旅游缆车分公司抓住"关键少数"，落实全员安全生产责任的有力举措。

九华旅游缆车分公司强化"责任人"安全责任落实，是其母公司安徽九华山旅游发展股份有限公司（以下简称九华山旅游公司）建立的层层负责安全生产管理体系。

目前，九华山旅游公司专门成立安全生产委员会，设立安全监管部；各索道单位成立安全生产领导小组并配置专职安全员，专门负责本单位安全生产具体工作。每年初，集团公司总经理与各索道单位的"一把手"签订安全生产目标责任书，各索道单位的"一把手"与本单位部门、部门与班组、班组与个人层层签订安全生产目标责任状，落实全员安全生产责任制体系，压实安全生产责任。

火车跑得快，全靠车头带。企业是质量安全主体责任"第一责任人"，企业负责人则是企业质量安全责任的"第一责任人"。只有企业负责人带头落实责任，企业才能真正扛起主体责任落实的"第一责任"。

河南矿山董事长崔培军，对此有着特别的解读："看我的个子，一米八二，我就是咱们河南矿山的质量安全标杆！"

一次产品出现瑕疵，相关部门前来说情，认为稍加改正，还能使用。出现这次瑕疵的是智能产业园双梁二班的蔡向涛班组，是和崔培军一起打拼多年的好兄弟……当这一切都向老崔袭来时，他立刻想到自己倡导的"残酷无情抓质量安全"的口号。作为企业质量安全"第一责任人"，他明白：只要这次"心软"，以后就很难做到令行禁止。于是，他果断决定：该瑕疵产品，就地销毁！

2022年6月14日，在河南矿山智能产业园生产车间外，崔培军召集中高层和一线班组长，召开向产品瑕疵宣战的现场会，当场将价值12万多元、有瑕疵的起重机就地割碎报废。作为企业法人，崔培军当场作检讨，并自掏腰包100万元，作为质量安全警示金，用于奖励在产品质量安全提升中作出贡献的班组和个人。

蔡向涛班组成员看见自己辛苦做出来的产品，转眼成为废铁，眼睛里都噙着泪水。

现场会后，崔培军举一反三，迅即出台"人人都是质量安全监督员""下游工序找上游工序问题有奖"等一系列规定，从微观上立起质量安全的"防火墙"。

哨声与警钟长鸣

在各个车间班组，还有一支崔培军亲自领导的310名质量安全"哨兵"，他们通过微信24小时捕捉质量安全监督信息。崔培军笑称："哨声一响，老崔登场。"

警钟长鸣，是河南矿山增强员工质量安全意识的一堂主课，天天讲，随机念，提醒教训在眼前。企业几千人吃饭的饭堂门口上方，有一块大屏幕，早饭前有5分钟时间，播放从网上下载的、近期发生在全国各地血淋淋的事故案例；接着就是"贴心妈妈"的岗前要求，让标准规范言犹在耳。午饭时，"质量安全播报"节目开始。它由质检、宣传、综合办联合制作，曝光发生在大家中间忽视质量安全的人和事。

崔培军说，人都是爱脸面的，谁上大电视，都会憋着一股劲，用拼命改正的行动来证明自己。

2022年初，河南矿山一台即将启运的起重机步入巡检环节，超声波探伤的检验检测人员全部到位，唯独质检部长作为负责人没有到场，事后却假装在现场参加验收。崔培军是个心细如丝的人，他把这位部长叫到会议室，当着众人的面就问了两个问题：为什么违反规定还说假话？你以为巡检是走过场吗？

核清事实后，崔培军果断决定：将质检部长降为普通职员，同时取消每月7000元的岗位津贴。

此事犹如一枚重型炸弹，在全体员工中引起了巨大震撼！

用规则当"看守"

提起"质量安全"责任，很多人也许会讲这样一个故事：1764年的一天深夜，一场大火烧毁了哈佛大学的图书珍藏馆。

恰好在大火前，一名学生违规带出了一册珍贵图书。此时，该书成为珍藏馆唯一存世的图书。

纠结之中的这名学生思考再三，还是敲开了时任校长霍里厄克的办公室。校长收下书并表示感谢。然后下令开除了他。

理由是，这名学生违反校规。

"让校规看守哈佛的一切！"这是哈佛大学的一贯准则。

"让规则与制度看守质量安全"，这也应该成为特种企业的态度。

这种态度，正在"特种土壤"上生根、发芽、开花……

体系的支撑

"呼""呼呼"……启动，加速，飞驰，看着高速列车缓缓驶出车站，然后加速呼啸而去，站在人群里的康力电梯股份有限公司（以下简称康力电梯）前线运营中心副总经理王胜勇、北京地区安全质量负责人宋业峰不禁热泪盈眶，兴奋、自豪、委屈、忐忑，各种感受一起涌上心头。

这是2019年12月30日，京张高铁全线开通运营时，王胜勇、宋业峰两人站在开通现场时的切身感受。他们的思绪仿佛在那一瞬间，也跟随飞驰的列车，一起回到了曾经在京张高铁上"战斗"的日日夜夜……

作为电梯行业知名民族品牌，成立于1997年的康力电梯是集研发、制造、销售、工程、服务于一体的现代化专业电梯企业，拥有国家市场监管总局颁发的电梯制造、安装、修理、改造资质，是中国电梯业第一家整机上市企业。

2019年，康力电梯顺利中标京张高铁项目。京张高铁可是

2022年北京冬奥会的重要交通保障设施，是中国第一条采用自主研发的北斗卫星导航系统、设计速度350千米每小时的智能化高速铁路，也是世界上第一条最高设计速度350千米每小时的高寒、大风沙高速铁路。能在自己职业生涯中参与如此重要的高铁工程的电梯项目，王胜勇和宋业峰确实有理由感到骄傲和自豪。

2019年春节刚过没多久，历经3年建设的京张高铁进入最后冲刺阶段，负责沿线7个车站179部电梯（直梯+扶梯）的康力电梯开始进入现场，开启京张高铁车站电梯的安装之旅。

图纸对接、相互印证后，就是进入现场实地勘测，小刘、小赵两人一组，手持钢卷尺、全站仪等设备，将7个车站全部勘测了一遍。

一个异常情况冲击着他们脑海：车站在土建过程中，出现了与图纸不完全相符的地方。

"宋总，您看，这个支撑位置与原来设计的已经完全不一样，恐怕不能按照原方案制造产品了。"盛夏时节，工地上异常燥热，加上尘土飞扬，每个人的口罩上都印出了不同的汗花。听完工程师的汇报，宋业峰和王胜勇心里一惊，飞快地用仅露在口罩之外的双眼进行了一下眼神交流。

复测，核实数据……大家仔细对照图纸进行复核，发现现场勘测的数据没有问题，是施工方根据当地地质的实际情况，略微改变了原来的施工方案，导致原先设计的电梯支撑位置发生了变化，无法满足设备安装后的质量安全要求。

宋业峰和工程师一起，现场与施工方进行沟通，得到对方无法更改的肯定答复之后，更改电梯设计的方案被提上了议事日程。

一方面，相关人员与设计院联系，确认现场施工更改情况；另一方面，销售和商务等人员与施工方做好沟通，经过各方反复沟通后确认：康力电梯更改产品设计，通过改变电梯的支撑位置来契合现场工程的支撑点，使电梯安装、使用的质量安全问题最后得到了顺利解决。

除了主观能动性之外，康力电梯还有一个取胜"法宝"——"7Q7C质量安全管理模式"。这是康力电梯在发展过程中，以全面质量管理为中心，以"提供亲人乘坐的电梯"为质量理念，提出的以追求"零缺陷"为目标的全面质量管理新模式。

运用这套模式，康力电梯不仅出色完成京张高铁项目，还在2019年至2022年4年间，作为电梯设备的供应商，连续完成京哈高铁北京朝阳站、北京丰台站等北京重要的铁路线路和枢纽工程。其中，在北京丰台高铁站现场接收扶梯时，他们发现部分扶梯的夹紧件有变形，这是由于物流运输途中不合理捆扎导致的。通过7Q7C质量管理的项目执行控制程序和全面质量反馈程序，现场的信息很快反馈到了物流管理部门，及时纠正了物流公司的不合理捆扎方式，从而杜绝了该问题的再次发生。

在质量管理创新的同时，依靠制度管理，确保主体责任落实，成为特种设备生产、使用单位的共识。

来自德国的知名电梯品牌TKE蒂升电梯，同样借助健全的安全体系管理来确保质量安全，落实质量安全主体责任。

从2016年开始，陈国平作为TKE蒂升电梯中国有限公司的班组长，一直与东区上海分公司合作，安装梯台数近千台。其中执行过多个高速梯大项目，在多次安全审核、安全检查中，至今保持零失误。

陈国平的成功得益于TKE蒂升电梯完善的安全管理体系。该体系明确了各级管理人员的安全管理职责和"第一负责人"，将安全生产考核细项列为年度重要考核指标，与晋升、加薪、奖金挂钩，并实施"一票否决"制；鼓励员工提出合理化建议，举报违规行为。从而形成了"公司统一领导，部门安全负责，员工广泛参与"的责任网络。

以广告语"上上下下的享受"为人所熟知的上海三菱电梯有限公司，其监测系统与"闭环管理"制度堵住了不少漏洞。从2002年开始自主研发具有自主知识产权的远程监测系统，并不断迭代。目前接入系统的电梯已经超过10万台，作为活跃终端24小时处于连接状态。一旦发生故障，故障电梯及时通过网络向企业用户服务中心进行报警，用户服务中心在第一时间按照闭环管理的原则快速处理。同时，他们通过对数据的进一步分析，对电梯健康状况进行体检，实现了"预防性维保"的新目标。

准绳的牵引

当密苑云顶双人吊椅滑雪索道辅助驱动系统的设计图纸呈现在眼前的时候，北京起重运输机械设计研究院有限公司（以下简称北起院）索道工程事业部总经理姜红旗，下意识地多看了一眼。

外行看热闹，内行看门道。已经在索道设计、制造领域摸爬滚打了十几年的姜红旗，尽管只是看了一眼，心里就不由自主地感觉到了有点不对劲，嘴里不禁"咦"了一声。

位于河北张家口崇礼的密苑云顶，是2022年冬奥会自由式滑雪和单板滑雪比赛场地。密苑云顶双人吊椅滑雪索道，是一条专为2022年冬奥会设计制造的索道。2020年年初，该索道的驱动系统已由北起院技术部完成设计，根据内部工作流程，该驱动系统生产图纸将转交至制造管理部安排制造。

作为北起院负责制造管理的第一责任人，姜红旗在分解和查阅图纸的过程中，出于职业习惯，他总是将每个关键部件的图纸都进行认真的查阅。

那天，他在查看辅助驱动系统设计图纸时，就一眼发现了"问题"——尽管图纸中采用的是一个相对比较成熟的方案，在以往的项目中已经应用并且未出现安全问题。但是姜红旗觉得，冬奥会的要求不比一般项目，如果还是沿用过去的设计方案，有可能会出现运行不畅甚至是安全隐患。

带着内心的"质疑"，姜红旗马上找来事业部技术总监李刚、技术部部长兼副总经理里鑫，以及北起院总经理黄越峰等一起进行探讨。

"当初设计时是怎么考虑的？""主驱系统和辅助系统的配合有没有考虑到冬奥会赛场的特殊天气和特别要求？"围绕着一系列技术关键问题，大家开始在一起"头脑风暴"。

你一言我一语，各抒己见，畅所欲言。对于关键问题和质疑点，更是反复斟酌。最后，经过深入讨论和安全评估，发现如按原方案实施一旦发生故障，有可能导致索道无法运行。于是，大家一致同意调整该辅助驱动系统的设计方案。

该方案的变更，得益于北起院推行的涵盖业务全过程的客运索道质量安全风险管控清单制度。

以该清单为"准绳"，北起院索道事业部强化全员质量意识，从设计源头抓起，加强采购和外包制造控制，强化关键安装过程和关键节点的质量监控，责任到人，并加强事业部的现场监督检查。

姜红旗和他的伙伴们的更改，就是在设计过程中的一次风险管理。因为按照清单，项目开发设计严格按设计、主管设计、技术总监、技术负责人、项目经理和事业部负责人的逐级岗位责任制执行，职责权限落实到位。

北起院副总经理张强，同样对冬奥会索道检验、运营等过程中的质量安全风险管控深有体会。

与2008年北京奥运会时特种设备只是赛事"配角"不同，冬奥会上特种设备将会是赛事名副其实的设备"主角"。其中就包括雪上项目所需的索道。张强和他的伙伴们也很快参与到了冬奥会的筹备工作之中。

通过风险评估，张强和他的伙伴们意识到，冬奥会的举办时间，正好是延庆、崇礼等地的"风口期"，不确定的风力会影响到索道的正常运行。于是他们根据质量安全风险管控的要求，提出了"允许赛事期间索道停运"的建议。

虽然最初这一建议并未被采纳，但他们没有气馁，如同他们历经多次努力，终于实现国产索道首次进入北京冬奥会一样，他们也多次通过科学的论证，向各方提出专业的建议。

好事多磨。张强和他的伙伴们的建议在市场监管部门的大力支持下，得到了北京冬奥会奥组委、国际奥委会、国际雪联的认同和采纳,并在比赛时通过"合理安排比赛时间"的方式,来科学地应对可能出现的天气异常。

"经奥组委同意,由于风力太大,超过了索道运行的安全范围,今天索道停运半天……"冬奥会比赛期间,当在微信群里看到类似的告知信息时,张强倍感欣慰,并且总是第一时间在群里询问"索道上还有没有人"等相关事宜。

依靠风险管理制度,观众不仅看到了"真正无与伦比的"冬奥会,而且也感受到了北起院在质量安全主体责任落实方面探索的特色之路。

机制的渗透

"玉龙昂首天咫尺,远视天池照影白。"那皑皑的白雪,银雕玉塑般的千年冰峰,仿佛要刺破蓝天,气势非凡。每一位来到玉龙雪山的游客,都不得不感叹玉龙雪山的气势磅礴、玲珑秀丽。

除以险、奇、美、秀著称于世之外,令游客赞叹的,还有玉龙雪山索道的高质量服务。在购票方面,玉龙雪山索道已经很好地完成了"三级跳"——自2015年起,丽江玉龙旅游股份有限公司索道运营管理事业部投入约300万元,对索道销售系统全面升级改造,采取实名制预约预售、团散分离、人脸识别检票等一系列措施,对3个索道公司索道票售、检服务进行提升,实现冰川公园索道、云杉坪索道、牦牛坪索道票务等在线预定、购票。

该公司将安全生产投入纳入经费预算,保证各参控股企业隐患整改及技术更新的资金投入。有了这一制度,新设备、新技术、新材料相继得到运用；客运索道应急救援培训基地、仿真模拟客运索道先后建成……硬核投入让企业的质量安全主体责任落实更有底气，更有保障。

哈利·波特的魔法，小黄人的呆萌，功夫熊猫的漂流，侏罗纪世界的穿越，变形金刚的刺激……每一位来过北京环球影城主题公园的游客，无不对其流连忘返。

2021年9月20日正式开园的北京环球影城主题公园，不仅是改革开放以来中国规模最大的主题公园，也是当时全球最大的环球主题公园。更重要的是，北京环球影城主题公园内特种设备种类多样，除了没有客运索道，其他7大类的特种设备在园区内均有安装。开园迄今，所有特种设备一直保持良好的运行状态，未发生安全事故。这是一系列有效机制保障的结果。

早在2020年3月，北京环球度假区就开始筹建特种设备安全管理委员会，指定特种设备主要负责人、安全负责人及各类特种设备的安全员。2021年9月正式开园以前，他们不仅成功地完成所有设备的登记注册，还将每一台特种设备的安全责任人落实到位，并确保所有的安全责任人持证上岗。

同时，从2020年4月份开始，由主题公园所在的北京市通州区市场监督管理局牵头，北京环球影城主题公园协同，共同筹建"环球主题公园特种设备管理系统"，这个系统具有特种设备状态动态监测及各种关键信息一站式查询的主要功能。

该系统引入了风险分级理念，对所有特种设备实施动态管理，将风险的预警和防控更好地落到了实处。

质量安全风险清单，质量安全员，日管控周排查月调度……对于那些在企业中已经很成熟并被证明行之有效的做法，我国还通过《特种设备使用单位落实使用安全主体责任监督管理规定》《特种设备生产单位落实质量安全主体责任监督管理规定》等新的政策文件、法律法规等形式，进行固化和全面推广，促进主体责任的深入落实。

让员工"唱"主角

这是一位企业老总发自内心的感叹：员工犹如一根针。上面纵有千条"安全线"，最终都要穿过这根"针"。

的确如此！

主体责任更要"穿准针，引好线"。否则，就难以串起质量安全的落脚点。

"穿针"，就是要激发每一位员工的潜能，在保安全中，有一份热，便发一份光。

"引线"，就是每一位员工都要自觉地把安全责任落实到岗位，增强责任内动力。

"小"中见"大"

当第一眼看见叉车上的那块小锈斑时，浦静钧以为是天气潮湿造成的，不算什么大事。

2021年6月16日早上，安徽合肥的天气阴沉沉的，还不时下起毛毛细雨，空气中都弥漫着一股潮湿的味道。

在例行质量检测过程中，当安徽合力质量管理部门高级检验员浦静钧，发现某台叉车的油漆表面有一块非常小的锈斑时，以为和之前一样是空气过于潮湿惹的祸。

浦静钧伸手使劲摸了一下那块小锈斑，发现锈斑完全无动于衷，无法用手直接抹掉。多年的检验经验告诉他：事情没有之前想象的那么简单。

既然不是天气在作怪，那么只有一种可能：这是一个质量瑕疵。

浦静钧迅速拿起专业检测工具进行检测，检测结果印证了他的想法：这确实是一个质量瑕疵。尽管很小，小到不经意间很容易就放过。

质检员、生产单位相关人员等迅速被叫了过来，大家开始一起研究这个小小的锈斑……经过反复会诊，发现是生产线的涂装问题造成的，叉车外观质量瑕疵。

"按照公司规定，这辆叉车出现了质量问题，我们不能发质检合格牌。必须全部合格之后才能'放行'。"在质量瑕疵问题上达成共识之后，浦静钧给出了处理意见。

"浦工，您看这个瑕疵并不是很明显，甚至不仔细看的话根本看不出来，现在卖出去一台产品不容易，而且这个产品客户急着收货，能不能去销售网点进行整改？"因为这是一个急单，生产单位和销售部门急于发车，提出了不同的意见。

千里之堤毁于蚁穴。浦静钧脑海里不由得出现了平时安全培训时，那些因为"一个小小瑕疵引发安全事故"的典型案例和沉痛教训。"现在只是小锈点，但不及时处理的话就会变成大的锈迹。别看只是一个小瑕疵，但对于客户来说却是一个大的质量问题，甚至还存在安全隐患。"无论是从客户角度出发还是从安全方面考虑，他都觉得销售网点没有技术实力解决问题，因此不同意放行。

一方严把"质量关"，坚决履行"质量一票否决权"；一方急于给客户发货……公说公有理，婆说婆有理，一时间僵持不下。

说时迟那时快，趁着大家僵持和请示间隙，浦静钧一把扯掉了叉车上的检验牌：按照公司规定，没有这个检验牌，所有产品一律不允许出厂。

双方始终无法达成一致，于是就请各层级领导来协调，甚至惊动了公司副总。

"按照浦工的意见办，他们对公司产品有'质量一票否决权'。"副总一锤定音，拍板同意了浦静钧的方案，产品也连夜加班整改后才顺利发车。

江苏省南京市江北新区某大型制药企业特种设备安全员胡青，也有一次类似对质量安全"说不"的经历。

在一次例行自查过程中，胡青感觉一台结晶罐有些不对劲。但这是一台有夹套的不锈钢容器，虽然外观上看完好，但通过观察孔只能隐约看到不锈钢表面的反光。于是他向生产部门反映了情况，建议打开罐子做进一步检查。

生产经理犯了难：这个罐子一停，整个流水线都要停，会严重影响生产进度。拆装过程中，还有可能造成反应物质的污染，影响工艺质量。但胡青坚持开盖检查，最终发现罐子的下封头有一块向内鼓起。而此时罐子里的搅拌桨桨叶与鼓包已经很贴近了。如果在使用中发生机械碰撞，轻则机械损伤，重则产生火花，很容易与罐体内高压易燃气体发生爆炸，那后果就不敢想象了。

胡青立刻将情况报告给相关领导，建议尽快联系锅检所进行进一步检验和判定。操作员小张惊讶地说道："胡工，你的直觉太准了！"胡青笑着回答："哪有什么直觉啊。既然我来管特种设备，就要对这些设备负责。我是每天都要到这些设备面前走走，听听声音，观察观察，早已形成视觉记忆了。"

浦静钧、胡青"铁面无私"、认真负责的背后，是企业"最小单元"——员工落实自己质量安全主体责任的生动实践，反映出企业落实主体责任的关键在人。

河南省卫华集团有限公司（以下简称卫华集团），抓住"人"做文章，让质量安全责任落实到每个岗位和人头，使严把质量关成为卫华人的自觉行动。

"孔师傅找到0.1了！"2018年10月下旬的一天，卫华集团双梁七班生产车间顿时一片惊呼。大家有的难堪地摇头，也有的奔走相告，难掩兴奋之情。

原来，一个星期前，七班又接到一个非标车大项目，大家奋战几天几夜，把主梁和端梁做好后，安装时却怎么也装不上。

拿来图纸看，尺寸准确；再审检主梁，也没问题。孔祥应作为小组负责人，知道延误工期的后果。那两天，他吃饭时拿着图纸看，夜里焦急得难以入眠。

是不是设计上有问题？找到技术部，对方调出图纸数据一看，差点把老孔的下巴惊掉了：原来图纸被工人对折过，深深的压痕刚好埋住了小数点后的"1"。虽是啼笑皆非，却让全班组吃了一次大亏。

"什么叫马虎？这件事就是活标本，再不严谨精细，后边还不一定发生什么蹊跷事。"于是，老孔给自己定了一个新规矩：记项目流水账。每天要做的产品工序，需要什么工具配件尺寸等一一记录在案，每天记好作为必修课，全员岗前学习。

事实证明，孔师傅的"流水账"还派上了大用场。一次，班组汇装定门机支腿法兰后，老孔现场核对数据，果然误差达到了6毫米，追溯原因是工人在制作时，没有将两个主件分毫不差地对齐固定，违反了作业规程。老孔如实上报，全厂通报批评并罚款当事人。

日积月累，老孔成了车间最受欢迎的老大哥。他那本油渍麻花的流水账，也成为了大家上班时须臾不可离的"掌中宝"。

习惯性"动作"

只有当人人都是质量安全的"第一责任人"时，企业的质量安全主体责任落实才能真正落地生根。某军工企业的实践，有力地证明了这一点。

初夏的一天，早过了下班时间。生产和维修特种设备的某军工企业质量安全处的科长阎志高，却没有打算回家。紧锁眉头的他，脑子里总是浮现出两根导管的影子……

原来，小阎白天在车间检查某新型装备维修质量时，发现有两根导管的结合部位存在变形的迹象。可是，导管前后间隙符合工艺标准，而且本身既无划痕又无裂纹。

夜深人静，老天爷变脸了，噼噼啪啪的雨点猛烈地敲打着窗户，也同时敲打着志高焦急的心。思来想去，他仍然没有理出头绪。

怎么办？

突然，一个熟悉的声音在他耳畔回响起来："绝不能放过质量上的任何一个疑点！"这是他自己曾经的承诺。"就是不睡觉也要把原因查个水落石出！"

于是，他毅然带着相关用具，顶风冒雨走进了导管现场。不知不觉，几个小时过去了，忽地，他眼前一亮：毛病终于找到了！两根导管的接合处应力过强，若使用时间较长，就有可能出现断裂或裂纹等故障，以致造成难以想象的后果。

他马上操起电话，通知相关人员到场，连夜进行重新校对、安装和检验，及时消除了质量隐患。

小阎这种"绝不放过质量上任何一个疑点"的习惯，正是该企业员工多年来养成的习惯。

检验员李俊就有这种习惯！一次，有个铜垫制作变形了，勉强也可以使用，要是返工至少需要半天时间。但她认准了"小凑合一定会出大毛病"的道理，坚持要求当事人返工，直到铜垫百分之百合格才罢休。

工段长肖林也有这种习惯！夜已经很深了，他突然从睡梦中惊醒："哟，白天好像有个导管卡箍没拧紧。看似小毛病，容易带来大问题啊！"他一骨碌从床上爬起，当即给检验员刘元杰打电话核对，得到"检查过，拧紧了"的肯定答复后，他才踏踏实实地重新进入梦乡。

质量管理小组长龙波同样有这种习惯！去年有段时间，一种热交换器的漏气量在试验时，合格率只有39.29%。他看在眼里，急在心里，自发和14名同事一起组成攻关小组，先后做了600多次对比试验，检查了23个可能影响质量的因素，最终找到了症结和改进办法，使合格率提高到90.91%，一年为企业节约成本618万元。

该企业员工就是这样，时刻以敬畏之心追求卓越，严把质量安全关口。

这是一种难得的习惯！

企业领导及时因势利导，放大这种习惯，强化这种责任。

好措施的"雨露"，滋润着好习惯的养成。对质量全心全意负责的良好习惯，为企业安全生产增添了新动力。

难得的"零容忍"

苏州纽威阀门股份有限公司（以下简称纽威），几乎每个员工都把质量安全责任刻在了心中，落实到了行动中。

蔡强强，纽威球阀制造部油漆线生产调度，人送外号"大强哥"。一方面来自于其名字有两个"强"，更重要的是他对油漆涂装质量的强硬态度。

寂静的清晨，他总是第一个到油漆线，整理前一天生产中遇到的种种质量问题，反复检查多次，确认没有遗漏后，晨会时和工人一对一宣传指导，确保每一位都能够明白质量的改善点和改善方式。

在他的带领下，纽威的油漆涂装质量得到不断的提升，2年不到的时间，就给纽威节省了近百万元的油漆返修费用。

如何更好地发挥像蔡强强这样的优秀质量人的作用，帮助纽威更好地落实质量安全主体责任？纽威给出的答案和探索是：推行质量绩效制度。质量成为每个员工工作绩效的重要考核项目，从而决定工资收入的高低。

尤希鹏是一名喷砂防护操作工，在纽威执行"质量绩效"考核以来，他防护的阀门从未发生过不合格和投诉的情况。2022年，他平均每月可以拿到近20%的质量绩效奖金，大约1000多元。

2022年9月，有一批结构特殊的阀门，因外圆不规则，如果按照通用工艺执行，就会造成砂子进入阀门从而损坏产品。尤希鹏发现差异之后，立即暂停喷砂防护工作，第一时间通知工艺工程师，一起讨论了多种方案并逐一进行尝试之后，终于制定了一套新的防护方案，保证喷砂防护的质量。

正因为尤希鹏这种对质量的高度责任感和不断改善的积极进取心，阀门喷砂防护不合格造成的返修费用，2022年比2021年少了100多万元，同时客户投诉也同比下降了50%。

许志海是一名检验员，大家都亲切地称呼他为"老许"。老许作为大零件进料检验人员，始终保持着对质量问题的零容忍，没有经过检验合格的零件绝对不会提交入库。正是老许对质量的态度，才保证了阀门一次装配合格率始终保持在极高的水平，每年给纽威避免了上百万元的返工损失。

2022年初，有一批零件密封面光洁度不达标，由于怕影响产品交货，有人要求老许先入库，使用有问题了再返工。老许没有同意，但心里也很着急。

　　他主动找供应商沟通，说出自己的改善想法，最终找到了光洁度不达标的症结所在，并对症下药制定了改善方案，顺利完成返工，没有耽误产品交货。

　　"问渠那得清如许？为有源头活水来。"

　　企业是特种设备安全的"源头"，意识、人员、制度等是企业落实特种设备质量安全主体责任的"源头"。只要企业始终抓好自己的"源头"，保证责任落实到位，1800多万台的特种设备安全自然就能如愿"安如许"。

　　人们高兴地看到，"第一责任"在延伸，新的希望在升起！

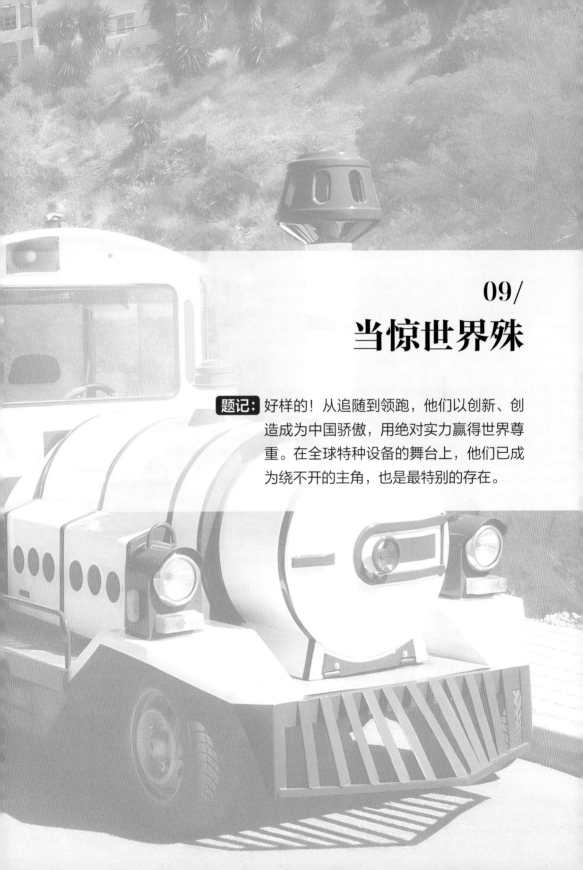

09/
当惊世界殊

题记： 好样的！从追随到领跑，他们以创新、创造成为中国骄傲，用绝对实力赢得世界尊重。在全球特种设备的舞台上，他们已成为绕不开的主角，也是最特别的存在。

巧合，常常恰似一位幽默大师，喜欢开一些让人惊叹的玩笑。

2013年3月29日，美国迈阿密港口被大批军警围得水泄不通，时任美国总统奥巴马，将在这儿发表重要演讲。

奥巴马此行的目的，在于游说美国国民更广泛地使用美国制造。精心选择的港口码头异常繁忙，高高的吊塔上悬挂着一面巨幅美国国旗。吊塔下，奥巴马神采飞扬，滔滔不绝。突然，一阵来自大西洋的旋风卷过码头，掀开厚重的美国国旗，刹那间，镌刻在吊塔上的"振华ZPMC"中英文商标赫然出现，全场哗然。

宽大的美国星条旗，依然掩饰不住中国企业的光芒；高傲的奥巴马，鬼使神差地为中国制造做了一个免费广告。

现任美国总统拜登也曾有幸与振华重工同框。2021年，拜登前往马里兰州巴尔的摩港口参观，大谈美国基建复兴计划，美国媒体争相报道。细心的观众发现，挺立拜登身后、被他用来背书的"庞然大物"，居然也是中国振华重工的巨型塔吊。

拜登身后的"庞然大物"，是4台巨型港口起重机，历经两个多月的长途跋涉，9月9日刚送达西格特海运码头。一路上，"振华24"货轮穿过了印度洋的风浪，绕过好望角，因飓风"艾达"短暂停歇。这趟漫长旅程，被美国媒体形容为"富有戏剧性"。4台巨型起重机的到港，也让马里兰州州长拉里·霍根感叹："对于巴尔的摩港来说，这是一个历史性的时刻。"

同样，这也是我国特种设备产品的一个历史性时刻！"中国制造"用高质量、高市场占有率的出色表现，在异国他乡上演了一出出"当惊世界殊"的好戏。

从我国国庆70周年庆典到欧美繁华的港口，从修路架桥的基建项目到大型企业的生产现场，从长城内外到世界各地，以上海振华重工、三一重工、中国一重、中联重科等中国品牌为代表的特种设备产品，书写了中国速度向中国质量转变、中国制造向中国创造转变、中国产品向中国品牌转变的历史新篇章。

争气的动力有多大

2010年8月5日，智利北部阿塔卡马沙漠中的圣何塞铜矿发生塌方事故，33名矿工被困700米深井下。智利政府及军方随即动用一切可能的力量展开营救，一场集合多国力量的世纪救援就此展开。

8月30日，在确定了矿工被困的具体位置后，救援队伍开始打钻第一条救援通道。经过一个多月的艰辛努力，智利方面终于打穿厚实的岩层，打通了到达矿工避难区的上升通道。智利政府制定出最终救援方案，将通过救生舱经此通道把矿工运回地面。整个救援方案最关键的部分，需要一台拉动救生舱的牵引设备。它将直接关系到救援工作的成败。

智利政府多方调查发现，来自中国三一集团的履带起重机，动作可以精确至毫米，并且能够充分适应矿难现场松软的沙漠环境，可随时进行360度全方位工作。更重要的是，这个"庞然大物"在智利期间，拥有零施工故障记录。因此，智利政府毫不犹豫将其定为救援的首选设备。

10月6日上午，智利晴空万里。三一400吨履带吊被拆装在6辆卡车上，浩浩荡荡开往智利矿难救援现场。见到大型救援设备到来，守候在旁的矿工家属纷纷围拢过来，抚摸着红色的吊车，流下兴奋而又激动的泪水。有家属用生硬的中文大声喊道："中国，谢谢！"

10月13日11时43分，第一名被困矿工被成功从井下运送到地面。智利总统皮涅拉走上前给矿工深情的拥抱。"中国制造"再次吸引了世界的目光。随着最后一名矿工顺利升井，在700米深井下被困了66天的33名矿工全部获救，这场世纪救援大获全胜。作为现场最大的救援设备，三一履带吊犹如定海神针，让每一个人心生安宁。

不到10年的时间，三一重工后起勃发。在完成企业自身产品升级的同时，还填补了国内多项技术空白，改变了"中国制造"的世界形象。

升起心中的"旗"

2019年国庆70周年联欢之夜，北京天安门广场歌舞升平，一面5400平方米的巨型五星红旗在夜空中冉冉升起，吸引了现场所有人的目光。

举起这面全球最大五星红旗的，是由我国自主生产的6台600吨级全地面起重机。

生产这种起重机的，是中国民营企业的佼佼者——三一集团。

他们不但用智慧举起了巨型五星红旗，更用实力挺起了中国民族工业的脊梁。

三一集团董事长梁稳根曾说过，三一进入工程机械领域，主观上最大的动力，就是希望作为一个中国企业能争气，不让外国产品称霸中国市场。

争气，是三一人鲜明的习惯和个性。这种个性，融入了刘金江科技工作的点点滴滴。

刘金江负责三一履带式起重机的技术研发工作，主持开发了我国首台400吨、1000吨履带式起重机。大学时，他在课本上看见过很多吊装的经典案例和施工场景，但翻遍书本，却找不出一台中国生产的设备，这让他非常沮丧。当时他就在想：我们什么时候能打破这种技术壁垒，甚至超越国外？那时起，信念的种子就深深地种在了他心里。

2003年，刘金江加入了三一重工。当时，中国最大的履带起重机还只有150吨，但刘金江一心想研发出350吨的履带起重机。

2005年，新疆电建需要一台400吨的履带起重机用于火电厂建设，他们找到了三一重工。听闻这个消息后，刘金江主动请缨担任项目经理，组建团队进行产品开发。

要造出一台国内前所未有的设备，可没有想象中的那么容易。

起重机对于板材的抗拉强度有硬性要求，当时国内强度最高的钢板是60公斤级的，只能用于150吨起重机。而400吨的起重机，钢板的强度至少需要达到80公斤级，此时国内没有任何制造经验。

为此，三一重工和河南舞阳钢厂（现舞阳钢铁公司）、衡阳钢管厂（现衡钢集团）达成合作，共同开发合适的板材。同时，联合哈尔滨焊接研究所解决了焊接工艺的问题。从而推动了起重机部件国产化的进程。

2006年5月，SCC4000样机下线，随后顺利投入使用。

这是国内首台400吨履带式起重机，也是中国第一款带超级起重装置的吊车。

超级起重装置，超级难控制。它需要一套特别的软件，才能将其"管"住。

当时，中国还没有数字化样机这样的智能化研发手段，刘金江和他的同事们只能摸索着自己干：先在电脑上建模、编程，等实体车造出来之后，将软件应用在实体车上，再根据实际应用情况不断修正、更新，使这套控制软件逐渐成熟，最后达到可用的程度。

突破了大吨位材料和控制技术的壁垒，随后国产大吨位履带式起重机像开挂了一般突飞猛进。2007年，SCC9000在三一顺利下线，打破了日本品牌保持了14年的亚洲最大吨位800吨纪录。这款产品当时被称为"亚洲第一吊"。2009年，SCC9000在福建宁德核电站完成了1号机组核岛穹顶吊装，这也是世界上首例采用中国生产的履带式起重机，进行核电建设关键部件吊装作业。

2010年前后，国外面临严重的经济危机，不少外资品牌在这轮风雨中倒下，而国内的起重机品牌则抓住国家发展的历史机遇，靠着自己的努力奋斗站稳了脚跟。

就在这一年，三一重工研制的亚洲首台千吨级全地面起重机SAC12000下线，扭转了中国大吨位轮式起重机依赖进口、市场被欧美和日本等工程机械巨头垄断的局面。

挑战无极限

2003年，三一重工正式开始起重机的研发，并且直接将目标锁定在超大吨位的突破上。经过5年的沉浸，突破了底盘、液压、控制等多个关键技术，在2008年推出了国产首台5桥220吨全地面起重机。

2020年，三一第一台1600吨全地面起重机交付客户。

2021年，1800吨全地面起重机下线，创下全地面起重机最大吨位纪录。

谁能想到，这些起点很高的纪录，时间不长就被三一人一次次地刷新了。

2021年，在走访东北、西北、华北地区时，姜冠营发现，单机容量5兆瓦及以上机组已经成为山地风电的主力机型。国内风机产业技术的迭代速度正不断加快，风机大型化趋势日益明显。

感知到市场变化后的姜冠营，有了前所未有的压力：目前最大的1800吨全地面起重机已无法满足市场需求，开发一款更大吨位的产品势在必行。回到公司后，他立刻提出研发需求，画图纸，写方案，搞评审。

为了打造出高度贴合市场的精品，项目团队中的每一个人都憋足了劲，全身心投入，只为交出一份满意的答卷。

超大吨位的起重机因为车身超重超高，要想满足道路法规顺利上路，就必须将上车拆卸下来单独运输。同时，到达施工现场时还得迅速组装。

为了平衡这个矛盾，姜冠营和项目团队前往浙江，向三一履带起重机的开发团队取经。长达半年的时间里，他们一直在湖州、长沙两地之间奔波，方案推翻了3次，画了上百张图纸，最终决定从转台入手，采用快插销式的回转支承。

解决了一大难题，加上有1600吨、1800吨成功的研发经验在前，2400吨的产出还算顺利。

曙光就在前头！

样机下线后，有一位客户在工厂考察这台设备时，向姜冠营提出了一个疑问："这款车可以不拆臂实现重载转场，效率是上来了，但整车的重心就会过高。我们都是在山地作业，转场时会不会有翻车的风险？"

为了解决这个问题，项目团队发起了好几场头脑风暴。最开始的时候，他们尝试让车架整体下沉以降低整车重心，但反复测算后发现车架整体强度不够，这个提议立马被否决了。姜冠营说："这个不行就试下一个，总有一个是可行的。"

有人提出，让大臂变幅油缸脱离，大臂下趴来降低重心，经过实际试验后，车架没问题，但拆装时间过长，不能满足用户高效率的使用需求，提议又被否了。

就在大家一筹莫展的时候，又有人提出，把转台变幅油缸铰点下移，大臂变幅油缸铰点上移，更改整体的结构模式。这个想法一出，姜冠营就知道"这次成了"。

2022年，全国首台2400吨全地面起重机成功交付，这是当时吨位最大的轮式起重机，再次刷新一年前三一自己创下的全地面起重机吨位纪录。

此时，国外最大吨位全地面起重机产品还停留在1200吨。三一不仅完成了对进口大吨位全地面起重机的全替代，并且实现了超越。

2020年7月15日，在山东寿光的鲁清石化工厂，由三一自主研发制造的4000吨履带式起重机，顺利完成了第四座千吨丙烯塔吊装。

短短一年之后，全球最大吨位起重机纪录又被刷新，三一研制成功了4500吨级履带式起重机。

起重机交付使用时，正值火热的盛夏，但更火热的，是在场所有三一人激动得难以言喻的内心。项目经理齐方更是难掩一脸的自豪感。

巧开一扇窗

2013年，三一推出第一款75吨电动汽车起重机概念产品，完成了第一次技术积累。

2020年，三一加大了电动起重机的开发力度，并组建起一支强大的、专业的电动化队伍，交付了首台纯电动起重机。

但三一的研发团队很快发现，工程起重机与道路运输产品不同，如果继续按照传统的电动化研发路线，高昂的成本将会让大多数的用户望而却步。与此同时，市场调研结果也验证了这一推测，客户普遍对电动化的性能和续航能力、用电安全持怀疑态度，市场认可度低。

是继续"烧钱"，还是索性放弃？摆在这个研发团队面前的看似已成一个死局。

为什么不创出一条新路？

时任三一汽车起重机电动化公司总经理的袁丹带领研发人员，对三一近3万台起重机的所有作业场景进行系统性分析。通过对海量数据的分析，袁丹提出了一个创造性的想法：研制插电式起重机。

按照设想，插电式起重机既可以用油，又可以用电；作业时插电，行驶时燃油。操作起来跟传统燃油起重机没有区别，同时还能解决燃油起重机起吊时噪声大等缺点。

研发插电式起重机，最难的不是技术，而是控制成本。"两年内要让用户新增的成本回本。换句话说，新增的成本不能超过3万元。"这是袁丹给研发团队提出的硬性要求。

为了实现这个目标，他们决定从零部件入手。三一起重机电动化研究院出动了十几号人，连续3个月不停地走访供应商，为制作插电起重机必需的零部件寻找合作对象。

有的厂家一听说是要做插电式起重机，完全不认可这条技术路线；有的认可这条技术路线，但动辄要三一先行支付几百万的开发费。寻寻觅觅，最后和苏州时代新安能源科技有限公司达成合作。

经过研发人员6个月的努力，插电式起重机产品出来了，如何让市场接受这个理念全新、设计全新的产品，成为摆在这个年轻团队面前的又一道坎。

于是袁丹亲自带头，制定了详细的产品推广计划，所有项目高管和成员亲赴全国，点对点地向客户介绍、分析产品，帮助客户操作手培训获得电工操作证。

2021年10月，三一插电式起重机正式投入市场。用低成本的设备方案减少了70%左右的油耗与排放量。2022年，三一插电起重机累计为客户节省费用约238万元。

时至今日，三一已经形成了插电、纯电、混动三大技术路线全面开发的态势，引领了业内探索电动化的新方向。

相较于在传统起重机领域的受制于人，以三一重工为代表的本土工程机械品牌，在新能源起重机领域展现出强大的市场竞争力，出口势头凶猛，稳稳地迈出了弯道超车的第一步。

2022年，在受疫情及工程机械行业周期调整影响、起重机行业整体下行的背景下，三一的电动起重机销量仍然突破1080台，销售额达6.4亿元，比2021年增长了13倍，行业市场占有率超过9成。

拥抱新浪潮

2020年初，一个普通的夜晚，宁乡三一重型起重机公司办公大楼灯火通明，负责智慧运营产品的周文君刚刚结束出差，便迫不及待地召集团队开了一次专题会议。正对着会议室大门的白板上，一行加红加粗的大字，叩问着每一个进来参会的人："除了设备，我们还能为客户提供什么？"

彼时，大数据、人工智能、互联网等新技术的风暴来势汹汹，身处吊装行业，周文君心急如焚，难道我们只能卖机器吗？为此，连同周文君在内的整个项目组十余人，奔赴全国各大代理商、客户、工地进行了一周多的调研。

走进会议室，与调研前的迷茫不同，此刻他们的脸色略显疲惫，目光却炯炯有神。

围着白板，团队成员慷慨陈词。各自笔记本中密密麻麻记录的上百条客户痛点被分解，再归纳：信息处理难，设备管理难，安全管理难，维保管理难，干私活管理难，经营数据分析难……

怎么办？数字化大屏，视频监控，油耗数据分析，360电子围栏，AI智能识别报警，智能安全帽……一次又一次激烈的讨论中，一张三一智慧运营系统的设计蓝图正徐徐展开。

说干就干，周文君和团队信心满满地开始了三一智慧运营系统的研发工作。但是很快，他们遇到了难题。

在操作手评价功能开发中，研发工程师们空有一堆数据却无从下手，哪些数据能说明操作手效率高，哪些数据又代表技术好，评价模型到底如何建立，所有人都一头雾水，对业务场景不够理解导致项目开发陷入了僵局。

"闭门造车行不通，得到现场去！"

接下来的几个月，周文君带着研发团队直接住在了工地上，盯着设备，盯着操作手，盯着客户进行开发，有任何不理解就去现场看、现场问、现场试。春去秋来，他们人瘦了，皮肤黑了，但对业务的理解越来越深了，三一智慧运营系统也逐渐成形了。

东西做出来了，如何让客户用起来，成了新的问题。周文君带领着团队再一次走访了全国各地的代理商和客户，一家一家地去拜访、培训、讲解、推荐。

没过多久，项目组接到了一位江苏客户的电话，"这个系统可帮了我大忙。"原来，该公司一位操作手在使用三一智慧运营系统进行日常巡检时，发现钢丝绳有一处严重磨损，马上拍照上传，成功避免了一场事故。

好评如雪花般从全国各地飞来。周文君内心欣喜不已，但这还仅仅是开始。很快，更大的机会来了。

在数字化转型的大背景下，天津最大的吊装公司天津浮斯特吊装是行业的佼佼者。在了解到三一推出了智慧运营系统后，他们马上意识到，"这是行业的趋势，也是我们的机会！"于是，天津浮斯特吊装迅速将这一解决方案拿到了中石化天津南港乙烯项目上。果不其然，三一智慧运营系统的创新性、实用性和前瞻性立刻打动了业主单位。

三一智慧运营系统的出现，更成为中石化天津南港乙烯项目的一大亮点，中石化高层领导看完后，当场决定全面推广。

10 套、100 套、200 套批量交付，起重机、挖掘机、塔机陆续加装，三一牌和其他品牌的起重机全面覆盖……这一刻，周文君的内心火热了，振奋了，也满足了。

三一智慧运营系统的故事仍在继续，周文君及团队的脚步不断向前。而这，只是三一起重机数智化转型路上的冰山一角。

超越的梦想有多美

这是一张 1956 年 8 月国务院颁发的奖状，略显发黄的纸张和通篇的繁体字，让这张奖状从上到下都充满厚重的历史感；红底红线以及共和国首任国务院总理周恩来的亲笔签名，则彰显了荣誉的崇高。

这是一张签发于 1965 年 2 月 10 日的国家发明证书，签发者是中华人民共和国科学技术委员会主任聂荣臻。

这是一封写于 1983 年 11 月 19 日的亲笔祝贺信，信的落款是曾长期领导我国农业战线的老革命家王震。

无论是至高荣誉的国务院奖状，还是实力象征的国家发明证书，鼓舞人心的老一辈革命家亲笔信，它们都有一个共同的主角——被称为"南化机"的中石化南京化工机械有限公司（以下简称南化机）。

第一台多层包扎式高压容器，第一套聚酯成套设备，第一台大型尿素合成塔，第一台大型乙烷反应器……几十项中国第一先后在南化机诞生。

南化机，"化"出了一个个"中国制造"的奇迹，"化"出了一曲曲"中国创造"的凯歌！

一锤砸在节骨眼上

对于南化机来说，这是一个不寻常的日子：1983年11月4日下午4时35分。一列墨绿色的内燃机车一声长"吼"，载着长36米、直径2.8米、重320吨的大型尿素合成塔，徐徐驶出了南化机容器三车间厂房，前往浙江镇海石油化工总厂"报到"。

这个身材伟岸的合成塔，渗透着南化机人胆识与创造的合成，充满了南化机人执着与踏实的合成。

1980年3月，南化机经向荷兰凯洛格大陆工程公司和中国化工建设总公司投标，签订了为浙江镇海石化厂和新疆乌鲁木齐石化总厂各设计制造一台直径2.8米尿素合成塔的合同。1982年12月15日，合成塔正式开工制造。

"不，不！"1983年的一天，一位满头银发、身材魁梧的外国专家面带严肃，从直径不到1米的塔顶检修孔中钻了出来。这位荷兰凯洛格大陆工程公司的材料焊接专家，已经从这个检修孔中几进几出了。他边用手比画边对南化机总工程师陈建俊说："有一道50毫米宽的焊缝应该焊7道，而你们只焊了6道，为什么不按工艺规范办？"坦率而又尖锐的发问，使在场的每一个技术人员和工人的脸都红了起来。

尿素是氮肥之王，大型尿素设备制造之难也居各种化工设备之上。要制造这种大型高温、高压、耐腐蚀尿素设备，必须采用一整套先进的国际工程标准和技术，必须严格执行国际权威承包公司评定的工艺规范。这对企业的管理水平和职工技术素质提出了挑战。

不少国家的厂商一听这种苛刻的条件就视若危途,不敢问津。据有关资料,当时世界上能制造这种设备的仅有4个国家的5家工厂。南化机领导正是要以此来锤炼企业和职工素质这块"钢坯"。

如今,荷兰专家的这一锤子,正好砸在这样一个节骨眼上。厂领导邓本立、徐继和、方畅熙、陈建俊当即现场研究,副厂长徐继和斩钉截铁地说:"这层焊缝用砂轮磨掉,完全按考核评定的工艺规范重焊!"

荷兰专家翻阅了当时焊接的工艺记录和塔体水压试验的合格报告,似乎也觉得自己过于苛刻了,他微笑着对总工程师陈建俊说:"晚上我和你们一起加班。"

一座大型尿素合成塔合计有近千米长的焊缝,先后要经过100多道工序。塔内壁每平方厘米要承受200公斤以上高压,全靠10层钢板一层一层包扎并焊接起来的塔身承受着。就在焊接包扎第19节筒体的最外层板时,检验员发现包在筒体最外层的3块钢板间的纵缝间隙只有两毫米,比工艺规范的标准窄了4个毫米,当即要包扎铆工停止包扎,重新加工。带班的铆工不听。"啪!"检验员把一张印有"暂停"字样的警告"黄牌"贴在筒体上。车间副主任顾志康带着几个工人趴在包扎好的筒体上,硬是用手提砂轮机,一点一点磨掉了多余的4毫米宽的钢板。最后整整磨了4个班次,磨坏了20多个金刚砂砂轮。

尿素合成塔内壁衬板焊接的要求十分严格。有的重要焊缝,工艺规范要求尽量一个焊工从头焊到底。这种状况在国外一般都是由一人分成几天焊完。可是,为了早日把尿素合成塔制成送往重点工程工地安装,工人们往往是一上马就连班转,一人焊到底。29岁的陈凤英钻进塔内一连干了32个小时,经检验百分之百合格后,她才放下心来休息。在不到一年时间里，全车间像她这样加班累计的工时竟有16000多个。

众人拾柴火焰高。合成塔终于在大家的共同努力下问世了。

1983年10月29日，中国化工设备总公司组织了40多个单位的70多位专家和工程技术人员，对这台设备进行了质量评定：31.6米长的不锈钢内壁纵焊缝，一次返修长度仅为2.5毫米；36米长的庞然大物，层次间隙仅仅是半个毫米。整台设备的制作周期比国外缩短了三分之一。各项技术指标均达到国际工程标准。它标志着，我国化工设备制造向国际先进水平迈进了一大步。

坚守初心，一发不可收！南化机累计生产制造各类尿素塔160多台。1987年12月25日，时任国务院总理李鹏签署嘉奖令，表彰南化机年产52万吨尿素成套装置制造成果对国家重大技术装备国产化作出的贡献。1989年，南化机年产52万吨尿素成套装置制造成果，荣获国家科技进步一等奖。

让断言者傻眼

南化机秉承"实业报国，服务社会"的传统，勇为国计民生而担当。

从生产第一台国产聚酯设备开始，到生产聚酯成套设备，再到覆盖国内全行业，南化机仅用10年时间，就创造了尿素塔"一统江山"的奇迹。

翻开国内聚酯成套设备自主创新历史，1999年是分水岭。

此前20多年，聚酯工艺技术和装备还是国外企业的专利，我国建设的60条聚酯生产线都是从国外引进的。这，因南化机而发生了改变。

1998年，在央企改革重组大潮中，南化机随南化公司整体进入中国石化集团公司。"石化装备，装备石化"，南化机鼓足干劲，在石化装备国产化中大显身手。

1999年初，南化机为同在中石化旗下的仪征化纤公司，制造了聚酯装置第一酯化反应器和低黏度圆盘反应器。对于中国厂家首次承制聚酯装置关键设备，国外一些厂商断言：中国不可能制造成功！因为这两台反应器结构复杂，技术要求很高。

南化机技术人员不信邪！他们在消化吸收国外先进技术的基础上，先后攻克L形夹套、盘径4米"蚊香形盘管"成型、组焊及容器内轴系装配、定位等技术难关，打胜了聚酯装备国产化第一仗。

南化机首制聚酯设备成功，增强了国内企业对装备国产化的信心。当时，辽阳石化从德国引进的年产20万吨聚酯装置，正在进行50%增容改造，他们选中南化机制造终缩聚反应器，要求生产期限为4个月。

辽阳石化的终缩聚反应器，制造起来难上加难：内腔真空度小于千分之一个大气压。每台反应器有50片像老式车轮样的盘片，直径2750毫米，板厚5毫米。设计要求平面度小于6毫米，跳动量小于3毫米。这种大而薄的盘片不仅组对焊接困难，就是局部抛光时间稍长或搬动一下，都会发生扭曲变形。

再难，也没难倒南化机人！他们凭借一往无前的精神，攻克了一个个难关。

1999年8月，南化机为辽阳石化成功制造出国内首批3台终缩聚反应器，质量完全可以和国外同类设备媲美。

再攀高峰！

2000年7月21日，国家"九五"重点科技攻关项目——终缩聚反应器，在南化机制造成功。这是南化机继第一、第二酯化反应器和第一、第二预缩聚反应器后，为仪征化纤公司制造的又一台主反应器。

这5台聚酯关键设备，表明中国企业已经掌握先进的聚酯成套设备制造技术，推动了我国聚酯工业进入快速发展的春天。

2003年，南化机又研制年产20万吨聚酯成套设备，其中第一酯化反应器为当时国内单机容量最大的反应器，制造质量和技术性能达到国际先进水平。2008年1月，世界上产能最大的七釜流程聚酯设备在南化机制造成功，并通过水路运往印度JBF公司。该套设备的制造成功，标志着南化机的聚酯成套设备制造技术，迈入国际先进水平前列。

截至2022年年底，南化机已生产聚酯成套设备1300多台，在我国聚酯工业发展中充分发挥了大国重器顶梁柱作用。

更上一层楼

2011年9月22日下午，碧空万里，艳阳高照，风送桂香，红绸飘艳……犹如红盖头般巨大的红绸被缓缓拉开，中国首台年产18万吨环氧乙烷（EO）反应器在众人艳羡之下，尽情地展示傲人身姿。这个耗资巨大、牵动万人心弦的"新嫁娘"披红戴花，从南化机运往扬子石化装置现场。

这是南化机人令世界同行瞩目的又一杰作！

这是南化机人挺起民族工业脊梁的最新注释！

在过去相当长时间内，中石化所需要的EO反应器一直依赖于进口。截至2005年，我国共引进11套环氧乙烷（EO）生产装置，但规模都比较小。2006年后，虽有多家企业计划建设大规模EO生产装置，但这些"外国造"不仅价格高，而且质量并不稳定。较早前，日本进口的一台EO反应器出现筒体泄漏；印度制造的类似结构甲醇反应器因管板问题需要返修；德国相同设备的报价比国内高出50%……重大缺陷及各种隐性问题，彻底打破了进口设备金刚不坏的神话。中石化下定决心国产化。

"攻克最难的，拿下外国人垄断的！"志在必得的南化机对拿下EO反应器摩拳擦掌。

2009年4月20日，南化机在与多家实力雄厚对手的竞标中胜出。与扬子石化签订了大型EO反应器制造合同。

该反应器最大直径7米，长22米，重830吨，总造价1.2亿元，堪称反应器中的"巨无霸"。

首次制造大型EO反应器，南化机在材料选型、管板拼接、无损检测技术等方面，进行了一系列技术攻关。

他们采用最极端的"Z"向取样方式，从管板锻造最薄弱的边缘处进行取样分析检测，充分掌握材料的性能，有效地以国产材料替代进口材料。

他们对10组格栅条点焊点的排列进行了细致的研究，对点焊点分布进行修改，确保每条格栅均匀受力。

他们还改造了格栅床，发明了"梅花桩"式的检测工具，保证

10块格栅两块管板制作和组对质量，使得15843根12米长的钢管均一次穿管成功。

每一道工序都是承诺，这是南化机人的追求！

从锻件取样到管板拼焊加工，从热处理到无损检测，从吊装到耐压试验，从工装制作到格栅设计，每个过程无疑都是硬仗，南化人几乎都做到了无懈可击。带着400℃余温的钢板，他们小心翼翼地在卷板机上一点点碾过，21米长的钢板慢慢弯曲着伸向房顶，接着再渐渐合口，直至这个"庞然大物"被送入加热炉内进行撑胎校圆定型，他们一丝一毫都不敢马虎。

每一道焊缝都是承诺，这是南化机人的习惯！

为防止筒体垮塌，每卷成一个筒节，就要抓紧时间就着近300℃的余温对环缝进行点焊。煤气烧嘴冲着焊缝"呼呼"地喷出一尺多长的蓝色火焰，焊工们汗流浃背地将一根根焊条熔进焊缝，尽管加了隔热垫等防护措施，但热辐射还是将安全帽烤变了形，穿着隔热鞋的脚底也被高温烫出了泡。为了防止薄壁管头被烧穿，南化机制作了很多试板让焊工反复试验，通过考试"掐尖"选出18位氩弧焊高手，组成管头焊接团队，并分成3个班连续作业。

每一个数据都是承诺，这是南化人的态度！

穿管是考验管板、格栅的试金石。36平方毫米的格栅上，密密地分布着数10个米粒大小的点焊点，多焊一点都会产生变形，格栅成为决定EO反应器研制成功的关键。技术人员反复研究点焊点的排列，"PK"样品后确定格栅制作花落谁家。制作的10块格栅装配好后，15843根12米的钢管一次性穿过，没有一个孔需要校正。

EO反应器的自主研发，掰开了长期以来国外遏制我国石化装备国产化的"巨手"，打破了西方国家的技术垄断。它成为南化机推进大型石化装备国产化、世界化进程的一个新起点。

过去，EO反应器国际采购周期3年以上。南化机成功制造国内首台大型EO反应器，将制造周期缩短至22个月。

据不完全统计，南化机制造的大型EO反应器，已占国内需求量的85%以上。

南化机作为中国第一台高压容器的"故乡"，如今正带着"第一"的强劲动力，带着"第一"的信念与执着，踏上高质量发展的快车道。

领跑的能量有多强

2023年3月6日下午，北京，中华人民共和国外交部新闻发布厅。

这是一次例行记者会。还是那个时间，还是那个地点，还是那个美女发言人，还是那些记者们熟悉的面孔。

记者会进入尾声，英国路透社记者抓住最后时机第三次发问："据报道，一些美国官员称，在美国港口使用的中国制造的吊车可能发挥间谍作用。中方对此有何回应？"

外交部女新闻发言人毛宁将了将齐耳的短发，目光直视前方，语气斩钉截铁："有关说法完全是草木皆兵，误导美国民众！"

美国官员所谓的"间谍吊车"，矛头所指正是在全球享有盛誉的"ZPMC"，它有着一个响亮的名字——中国振华重工。

有报道称，振华重工垄断了美国90%的港机市场。装卸集装箱需要振华重工，吊装10万吨级核航母更离不开振华重工。

上海振华重工（集团）股份有限公司（以下简称振华重工），英文商标"ZPMC"，为目前全球最大的港口机械制造商。创业31年来，振华重工凭借着科技创新这个"杀手锏"，在港口机械领域创造了一个个中国奇迹：连续25年占据全球市场份额第一，产品远销世界104个国家和地区，全球300多座码头的设备上都铭刻着ZPMC品牌的标识，设备可靠性、运行安全率稳居世界前茅。

舒出憋在胸口的气

"世界上凡是有集装箱作业的港口，就要有振华港机的产品！"

说这番话的人是振华港机的创始人管彤贤。那时，振华港机厂刚刚上马，一年也只能做一两个门吊和散货机械；那年，管彤贤却已年近花甲，刚刚离开部委机关下海创业。

1992年，59岁的管彤贤任交通运输部水运司工厂处副处长，还有一年就退休的他做出一个惊人举动：辞职创业。这不是他一时冲动，他要作最后冲刺，舒出憋在胸口多年的闷气，了却自己未竟的夙愿。

从此，世界港机行业的大海上，一叶小舟扬起了别致的风帆。

在交通部门工作大半辈子，管彤贤走遍了沿海大大小小的港口。他发现，当时国内的港口起重机全都从国外高价进口，很多还是二手货。国内的生产企业普遍缺乏设计经验，生产水平低下。

"你没见到外国人那种傲慢，根本看不起我们。"巨大的差距激起了他的斗志。管彤贤和几个志同道合的朋友在上海浦东租下3间破房，注册了"上海振华港机有限公司"。

"振华振华，振兴中华！"管彤贤托名言志，他向世人昭告：中华崛起，舍我其谁！

20世纪90年代，关乎港口吞吐能力和造船能力的港机行业一直被国外垄断，初出茅庐的振华凭什么与雄踞国际市场的世界巨头一较高下？

激发新能量

一份经济分析报告在振华重工高层传阅：振华港机产量占据全球市场份额的四分之一，而利润却与对等的四分之一相去甚远。单套设备的售价和利润，振华产品也远低于国际同类厂商。

振华的逆袭，一开始或许得益于价格和成本优势。但振华不能一直靠微薄的利润支撑。质量通向市场，安全连着利润。振华重工的管理者清楚，没有自主创新的世界领先技术，没有过硬的产品质量，没有可靠的安全保证，就敲不开世界市场的大门。而手握质量、安全大门钥匙的，正是既可载舟亦可覆舟的广大员工。

因此，振华重工千方百计激发员工的能量，特别是科技人员的内动力。

高耸入云的红色吊塔铺满画面背景，镜头前一位中年汉子迎风挺立。白色安全帽，黑色扣带，深色工作服，映衬着一张红润的笑脸。浓浓的眉，大大的眼，正午的阳光透过安全帽檐直射鼻尖，投下白色光点。振华公司官微开设的"科技带头人"专栏，将"技术大咖"卢玉春推到我们面前。

设计是确保质量安全的第一道工序，卢玉春是振华众多设计精英中的一员，现任振华设计研究总院工艺院工艺所所长。他先后负责过哥伦比亚、温哥华、长滩等20多个项目的工艺设计。在振华工作20多年间，他和他的团队创造了公司多个第一：

2002年，完成第一台双小车项目汉堡岸桥的工艺设计。该项目采用600吨起重船和1300吨起重船抬吊岸桥后大梁工艺，成功开创公司吊装先例。

2003年，负责温哥华岸桥项目改造的工艺设计。他大胆提出分段式顶升方案，顺利完成岸桥加高3米的改造，在公司历史上也属首次。

2007年，主持加拿大金穗大桥项目，通过有效的过程控制，用冷作加工取代桥塔钢箱梁整体加工的施工方法，达到项目要求的设计精度。这是公司首个耐候钢项目，并且首次采用加拿大的道路桥梁规范进行施工。

2011年，担任公司第一台自升式海上石油钻井平台"振海一号"的技术经理，在行业内首次采用抬升锁紧系统整体安装技术、悬臂梁制造精度控制技术、悬臂梁和钻台组件6支点称重技术。

参与12000吨起重船"振华30"轮的大型回转面加工设备研发，该设备首次采用激光检测和系统反馈技术，实现了加工设备自调水平的功能，攻克了42米超大直径圆筒体正反滚轮轨道平面和针销孔的加工技术。

振华不惜重金组建了一支强大的科研队伍，配置了2000多名卢玉春那样的科研人员，每年5%产值投入科研，还和国内外200多个高等院校和科研机构实现了协同攻关。为了鼓励创新，振华另外拿出1000万元人民币，奖励有突出贡献的员工，最高的奖励可达100万元。

据振华官网显示，目前振华申请国内专利200多项，发明专利103项，实用型专利113项，有效国际申请专利24项，还有28项国家重点新产品。

振华提出，每年至少诞生一项世界第一。从误差不到15毫米的集装箱GPS定位技术，到全球第一台双40英尺（1英尺=0.3048米）港机，振华一次又一次让全世界刮目相看。当年全球7000吨以上的超级浮吊仅有3套，其中振华的蓝鲸拥有将埃菲尔铁塔一把抓起的超强实力。这样的大国重器，也成为振华逐鹿海工制造的"杀手锏"。

让"泥腿子"站稳脚跟

"这次海底焊接难度大，工期紧，需要我们手工焊接的焊缝，长度大约在2000多米。其中风险最大的就是止水带部位，如果焊接不当，后果不堪设想，一定要注意。"在港珠澳大桥岛隧工程现场，魏钧正提醒团队成员施工难点。他略带陕西口音，个头不高，斯文有礼，讲起话来有条不紊，句句都在点子上。

魏钧，振华重工电焊工、高级技师，上海市劳动模范、国务院政府特殊津贴获得者。由他牵头成立的"魏钧劳模创新工作室"，成为中交集团首批示范性劳模（工匠人才）创新工作室，在金砖国家国际焊接比赛中荣获团体银奖和两个个人三等奖。

谁能想到，魏钧这个专家型工匠，入行时却是地地道道的"泥腿子"。

把农民工变成产业工人，这是一段让中国人热血沸腾的传奇。

那时振华有3万多名员工，一线工人占到了90%以上，仅电焊工一项就有4000多人，其中不少是农民工。农民工憨厚朴实，成本低廉。但刚进工厂时，很难有与企业患难与共的想法，农忙时还要回家，难免影响生产。而且大部分人文化程度不高，技术能力相对较弱，不补上这块短板，别说让产品走向世界，就是走出厂门也不可能。

为了把庞大的农民工队伍变成产业工人，振华连出妙招！

建住房，让农民工把家搬到长兴岛，把心留在振华。每一家人可以拿到30平方米的房子，有厨房卫生间。"老婆一来，就稳定一大半"。

办学校，让农民工插上知识的翅膀。振华专设焊接学校，由于工资与焊接技术挂钩，水平越高收入越高，工人们争先恐后参加培训。

立规矩，把散兵游勇打造成正规军。员工只要赌博，立刻就会被开除。在工地上，稍有不慎就会机毁人伤。振华下猛药，一次严重的安全违规，罚款500元。

奖人才，对学有所长、术有所精者重奖重用。公司规定，凡在职进修考试及格者，学费一律报销。这当中，要数工商管理硕士（MBA）项目最引人注目。如今MBA班已经办了五六年，150多名员工拿到了MBA硕士学位，有的还被提拔到重要岗位。

振华制造的质量与振华员工的素质同步增长，振华的产品越来越有竞争力，在国际上得到越来越多的认可。

2001年，振华重工在欧洲市场获得大突破，共向包括德国、荷兰、英国和西班牙在内的4个国家的6个港口出口了36台岸桥设备，设备总价值近2亿美元，让从未进入欧洲市场的日本、韩国同行感到震惊。

2002年，振华重工成功打入对技术要求苛刻的港机之乡汉堡港，其港机技术得到了德国人的认可，先后获得汉堡港3亿美金的合同。

如今，振华港机已经成了中国制造的一张名片，广泛出现在世界各个大港。加拿大、美国、欧洲多国、巴西、委内瑞拉、泰国、新加坡、苏丹、阿联酋等国港口，都有振华港机的存在。

在顶峰上占位置

上海洋山深水港四期码头。

红色集装箱被一只钢铁巨手凌空抓起，从船上平稳地装卸到岸，再被引导车水平运输到箱区的指定位置，准确入位；蓝色集装箱载着引导车，徐徐地向集装箱卡车前进……好一座"幽灵"码头，只见钢铁巨兽行，不闻操作人语响。这就是美国官员口中的"间谍吊车"。这座几乎"空无一人"的码头，目前全世界自动化程度最先进，它也是振华重工的杰作。

全球约有两千多个国际贸易商业港口，每天都在繁忙地进行集装箱装卸。码头的机械操作，因高空作业、工作强度高成为最辛苦的行业之一。为保证码头效率，操作工每次登机的工作时间至少要达到4个小时。长时间保持俯身下视的姿势，机械地重复控制操作，港口机械操作人员饱受颈椎病、腰椎病、肩周炎等病痛的折磨。

振华重工提供的自动化码头一体化解决方案，使所有笨重的港机设备均实现了远程控制。港口操作人员只需要在宽敞明亮的远程操作室，观察操作台上的电子显示屏，进行部分异常工况的干预，就能轻松操控整个码头运转。传统的劳动方式在自动化技术的介入下实现了变革。

全自动化码头是集物联网、大数据、人工智能、自动控制等技术和业务于一体的复杂系统工程。一个国家所拥有的全自动化码头，是国家综合科研能力和现代化水平的集中体现。中国作为港口大国，2015年前却没有一座这种码头。

面对发展机遇，如何抢占新一轮工业发展的制高点，进军自动化码头蓝海，成为振华重工面临的新课题。

"世界自动化集装箱码头的发展进入第四个阶段，前三代的核心技术均被发达国家垄断，我们不会错过第四代。"振华重工智慧集团交通软件研发部经理金鑫充满自信。

如果说设备控制系统是洋山自动化码头的大脑，那么金鑫就是大脑的"智造者"之一。八〇后的金鑫是振华重工软件开发的元老，国内3个自动化码头，他都贡献了力量，并迎来自己的第四个自动化码头项目。

洋山深水港四期项目规模宏大，困难重重，仅运输集装箱的自动引导车就有130多辆，且都是无人自动驾驶，车辆走与停、行驶路径都需要高精度控制。为了有效控制车辆，金鑫和同事通过引入特殊算法来保障车辆的安全运行。

"金鑫平时生活中很随和，但在工作时却特别爱较真。"同事王小进回忆。在洋山四期项目中，如何选择悬臂吊作业位的方案至关重要。用户提出的需求，给金鑫团队的技术设计和实现带来极大的难度。金鑫鼓励伙伴："既然行业内没有成熟经验可供参考，那我们就自己创造解决方案。"通过每天的分析改良，最终成功开发了一套完整的灵活作业位变换方案。

金鑫说："在刚入职的时候，前辈就教导我要敢于突破常规，跨出舒适区，在不可能处发现可能。"在自动引导车设备和车辆管理系统初期调试阶段，金鑫和团队伙伴完成800多个测试案例，解决50多个问题。通过不断总结和优化，金鑫团队出色完成了任务，研发周期大大短于国外同类系统，在设备规模和功能复杂度方面也处于领先地位。

经过近20年的技术研发和砥砺前行，振华重工终于实现了厚积薄发。

2015年，振华重工为厦门远海自动化码头提供了自主研发的全自动化码头装卸系统的所有设备及码头设备控制系统，成功打造了中国第一个自动化码头。

2017年5月，振华重工提供全部码头设备控制系统和全部港机设备的青岛港自动化码头正式投产，这是中国第一个真正意义上的全自动化码头。

2017年12月，由上港集团、振华重工联合打造的洋山港四期全自动化码头顺利开港，该港成为目前世界上单体最大的自动化码头。

这一波中国自动化码头，拉开了世界第四代自动化码头的序幕，自动化码头的"中国时代"正式来临。ZPMC这一中国品牌，向世界贡献了低成本、短周期、全智能、高效率、零排放、可复制的"中国方案"，中国企业在自动化码头领域完成了从跟跑欧美到领跑世界的嬗变。

得标准者得天下。在自动化码头领域技术攻关取得累累硕果的同时，振华重工逐步获得了行业标准的话语权。

作为自动化码头发展进程的深度参与者，从提供单机设备、控制软件，到系统总集成，目前振华重工已经参与了全球范围内70%以上的自动化码头建设，改变了全球自动化码头的行业格局，引领了世界智慧港口、绿色港口的发展方向。

快速成长的中国企业，已经不再介意别人的态度与目光！

10/
国门外闯出新天地

题记： "走出去"，旁人眼里的苦差事，却是他们满腔热血全力以赴的硬任务——苦点累点没什么，中国特检这面旗帜不能倒！困难危险算什么，中国特检这支队伍的精气神不能丢！

在一望无际的非洲撒哈拉沙漠里，滚滚黄沙见证了他们洒下的辛勤汗水；在浪花飞溅的印度洋上，凌空飞架的拱桥领略了他们不息的身影；在风景秀丽的湄公河畔，高耸入云的摩天轮目睹了他们别样的风采。

10年来，中国特检机构带着先进技术标准，"走出去"的步子越来越铿锵有力。他们凭借着灵巧的双手，开创出了一片新天地，为中国建设、中国制造走得更远更稳提供了支撑。

沙里淘"精"

2003年11月30日，一阵阵刺耳的呼啸声，划破了非洲撒哈拉沙漠的沉寂。摧枯拉朽的狂风，裹挟着滚滚黄沙，恨不得撕碎茫茫沙漠里的每一寸土地。

"沙尘暴，快盖好设备！"正在地处沙漠的喀土穆炼油厂执行检测任务的河南省锅炉压力容器安全检测研究院（以下简称河南省锅检院）检测人员，来不及保护自己，心里想的是赶紧给刚运来的检验设备避险。

1个小时后，沙尘暴终于消失在遥远的天际。队员们面对被风沙摧残得一片狼藉的板房，又拉开了抢险检测的序幕。

过得硬 靠得住

就在一个月前，河南省锅检院在激烈竞争中脱颖而出，取得了苏丹喀土穆炼油厂扩建工程的特种设备安装质量监督检验项目。从此，该院迈出了涉外锅炉压力容器检验的第一步。

但这可喜的第一步，却是举步维艰！

喀土穆炼油厂位于茫茫沙漠之中，由中国和苏丹双方联合兴建，2000年建成投产，当年就拉动苏丹经济增长6%。二期工程为一套100万吨延迟焦化装置，40万吨连续重整装置，120万吨加氢精制装备，以及自备电站及系统配套工程。能否及时完成这些装置的检验，直接关系到苏丹经济发展。

向工地进发第一天，检验人员就震惊了：一辆皮卡车开路，上面架着令人胆寒的机枪。荷枪实弹的军人目光炯炯，一路警惕地戒备护送。大家的心一下子提到了嗓子眼！

万事开头难。难就难在干旱酷热的沙漠环境，极其匮乏的物资保障，疟疾、霍乱等传染病的潜在威胁，还有观念和方式的碰撞。但大家在陈国喜副院长的率领下，牢记院长宋崇明临行前的嘱托，迎难而上，全身心地投入到了检测工作中。

工地上，饭菜混着黄沙往肚里咽，他们没有怨言；晒得黑不溜秋，没人发过牢骚；没有条件洗澡，有人想出了小水干洗的新招；没有电影电视，大家就在带来的图书中寻找乐趣。他们还举办读书会、优美家信评赏会等活动，为枯燥的大漠生活增添了一抹亮色。

好不容易松了一口气，又一个大难题冒了出来：2000立方米球形储罐眼看就要进入检验环节了，谁知被检方事先未备好脚手架。工期这么紧张，怎么办？

领导当即决定，带着对方人员一起干。没有脚手架，他们就到上百公里之外的一家中国建筑公司去借。由于当地临时工要价太高，检测队员们就自己当装卸工。粗重的钢架磨破了肩膀，蹭烂了手背，却没有一个人退下"火线"。在场的外方人员看到此情此景，脸上露出了丝丝愧意。

河南特检人特别的素养和作风，赢得了一片赞扬声和实实在在的回报。此项目还未结束，苏丹化工有限公司便迫不及待地与该院签订了另一份沉甸甸的定检合同，理由是：这支队伍素质过硬，靠得住！

泪满襟　情满怀

2008年3月初，领命带队出征的是河南省锅检院党委书记杨孝勇，这是他第三次到非洲执行检测任务。

为了保证验收工期，他和同伴经常吃住在工地上，夜以继日地辅助安装作业。他还经常亲自扛着超声波测厚仪、磁粉探伤仪，钻进异味刺鼻的球罐中检测。有人拦着他，劝他歇一会，他却笑着说："这是我的专业，习惯了，累不着。"有时巡查输油管线人手紧张，没有检验师配合，他就直接一个人作业。

没有人知道他遇到过多少野兽、盗贼和沙尘暴，没有人知道他吃过多少包方便面，更没有人知道他牺牲了多少私人时间。家中唯一的宝贝女儿上高中，一大堆事情需要他处理，他却顾不上；父母身体不好，住院治疗，他却没能在床前伺候。在他心目中，放在"第一位"的永远是"职责"。

3次远赴非洲，3次错过单位体检。2009年冬，杨孝勇在完成援非任务回国不久，被查出肺癌晚期。在同病魔搏斗1年后，这位48岁的壮汉遗憾地离开了人世。送别会上，望着他的遗像，战友们泪如雨下。

老杨走了，他的精神却得以传承。2006年11月，经过激烈竞标，河南省锅检院获得了中油国际尼日尔有限公司的检验订单：要在1个月内高质量完成输油管道和7个场站的特种设备检验任务。面对40℃的高温，河南特检人仅用20多天时间，就出色完成了对96台大型设备的检验检测。

2016年12月10日，总工周波带领检验人员驱车400多公里，来到第7个输油管道场站，这也是他们检测任务的最后一站。

刚刚开始检测，突然传来爆豆一般的枪声。协助检测方立即要求大家静默卧倒。待情况缓和后，队员们没有随即撤退，而是在武装部队保护下，冒着生命危险继续工作了1个多小时，直到把所有项目检测完毕才返回驻地。

为了留下特种设备检验的"中国经验"，回国前两天，检测工程师们向对方人员传心得、交笔记、赠书籍，把现场分别的倾诉变成业务管理的嘱托。周波还连夜备课，举办了一场特种设备使用管理及检验检测的专题讲座。中油国际尼日尔有限公司领导亲自送来感谢信："你们是一支难得的好队伍，希望你们一路红遍天下！"

为电站"充电"

2022年11月24日，巴基斯坦卡西姆港火电有限公司将一面锦旗和一封感谢信送到了中国特检院现场检验人员手中。

"谢谢你们解决了长期困扰我们的难题。我终于能睡个安稳觉了！"卡西姆电厂负责人感激地说。

"临战"状态

进入21世纪，巴基斯坦全国日均电力缺口为400万千瓦时，夏季用电高峰时期日均电力缺口高达750万千瓦时。伊斯兰堡、拉合尔等大城市也要每天多次拉闸限电。缺电已经严重制约了该国经济发展。

卡西姆电厂是"一带一路""中巴经济走廊"首个落地的能源项目，也是第一个中外合作投资的大型能源类项目，位于巴基斯坦卡拉奇卡西姆港。

2022年9月20日至11月24日，中国特检院5名科技人员远赴巴基斯坦，为特种设备提供安全保障。

9月20日，卡西姆真纳国际机场热浪滚滚。5名特检人员刚下飞机，荷枪实弹的武装团队就立刻迎了上来，给大家来了个下马威。

作为巴基斯坦第一大城市，卡拉奇的安全形势并不乐观。从机场到卡西姆电站的路上，前面军车开道，后面警车押运，空气中凝聚着些许紧张。

出乎项目组想象的，还有卡拉奇恶劣的自然环境。

高温少雨，炎热难耐——盐碱地表温度可达50℃，年降水量仅200毫米。

电厂里，个头大得惊人的蟑螂、蚂蚁横行霸道，隔三岔五，还能见到毒蛇出没过的痕迹。

一天夜里，一阵特别的"敲门声"把技术专家胡旭明从睡梦中惊醒。仔细一听，声音是从卫生间里传来的。

他操起扫把走进卫生间，透过一块拆掉的天花板发现，竟是一只从公共管道里飞进来的野鸟。

野鸟的"拜访"无关痛痒，蚊子的"拜访"可是让人又痛又痒！为避免蚊虫叮咬，除了睡觉，大家需要尽量保持动态——因为一停下来就会有蚊虫聚集。时间一长，每个人的皮肤上，都有蚊叮后留下的小包。

除了酷暑和蚊虫，让项目组头疼的还有新冠疫情。巴基斯坦物资匮乏，安全形势不容乐观。

可是检验人员没有叫苦叫累，迅速进入工作状态。

面对巴基斯坦检验检测资源现状，他们借助长期检验工作积累形成的设备缺陷数据库，结合卡西姆电厂设备的历史运行状况，通过"大数据"对比，量身定制了检验方案。

完美，是他们追求的目标，既做到"全面诊断"，又坚持"对症下药"。

点亮"一束光"

检验检测过程如同密室逃生一般。检验人员从电站锅炉平台出发，沿着锅炉周边搭设的倾斜角大约45度的简易楼梯，一路爬到锅炉炉膛口。

"进炉膛，逐个检验锅炉内部承压水冷壁管，查看是否存在吹损、腐蚀或变形。"检验员潘晴川边走边说。

漆黑的炉膛内，借助几束手电筒灯光，潘晴川和胡旭明等5人系好安全带，沿着高耸的脚手架，攀爬到标高40米的炉膛上部，对炉膛内密布的螺旋段水冷壁管逐个进行细致检验。为了保证检验不出纰漏，他们在炉膛内一待就是半天。

卡西姆电厂投产发电4年来，先后发生了96次送出线路跳闸和16次全厂失电的极端状况。不稳定的设备状态也给检验工作带来了巨大挑战。

一天，潘晴川等4人正在锅炉内部进行检验，全厂突然失电，4人被困在半空中。

"注意安全，防止跌落！"黑暗中，潘晴川站在60多米高的镂空操作平台上大声提醒。

来不及害怕。大家在黑暗中以手为眼，摸索着抓牢悬空平台的扶手，抓紧时间讨论起了硬度检测方案。

人在高空中本就肌肉紧张，加之悬空平台面积有限，不一会，腿便站麻了，稍微一伸，脚就悬在了几十米高的半空中，让人心里发麻。

时间一分一秒地过去，每一分钟都显得那么漫长。整整3个小时后，供电恢复。在悬空平台上，留下了一滩滩冒着热气的汗水。

见缝就"钻"

特检人员的手脚时常忙个不停，智慧的大脑也时常转个不停。有一天，晚饭吃到一半，潘晴川丢下筷子就往宿舍跑。他突然想起了一条"裂缝"，一边翻看图纸一边在琢磨，嘴里还不停念叨着什么。

"走！得再看看！"朦胧的夜色中，空旷的工地上出现了5个倔强的身影……

"没有导管，减温器内部探头根本固定不了！"

"用铁丝做一个试试？"

侧面，上面，角焊缝等处，他们瞪大眼睛盯着显示屏，反复寻找缺陷。

"终于看清了，就是这里！"原来裂缝就在定位销钉与内套筒连接的角缝处。

午夜，回到宿舍的潘晴川还在翻看复拍的20余张片子，打开图纸反复对比。

"长16毫米线形裂纹，监控运行就可以，无须采取其他措施。"作出决定后的潘晴川终于松了一口气。

旁人很难想象锅炉内部检验工作有多么艰苦！长期运行后的炉膛内部管排上炉灰有近2厘米厚，狭窄的过热器管排上，飞腾的粉尘如同灰色的雾罩，再加上为了配合疫情防控，检验人员戴着医用口罩，每一次呼吸都很艰难。

泥猴子一样的胡旭明跪在仅1米见方的管排上，汗水和着炉灰顺着衣角往下滴。左手托举测厚仪，右手依靠"临床经验"，在5厘米宽的管缝间，艰难地寻找放探头的位置，眼睛紧盯着显示器查找最薄的地方。

一次，两次……手已经不听使唤了。胡旭明面部发白，大汗淋漓，他中暑了。

蹲，爬，跪……单是低温载热器，两天就测了500多个点。

不放过任何一条焊缝，不落下任何一个角落，他们就是这样查找问题，完成锅炉本体检验。

通过检验，项目组发现集箱焊缝埋藏缺陷、减温器内部裂纹及开焊、锅炉范围内管道硬度异常等150余处安全隐患。

见缝就"钻"，正是他们多年来养成的职业习惯。

"载热器管道口两个安全阀弹簧断裂了，能不能帮忙分析一下？"缺陷整改沟通会上，电厂技术人员恳求道。

检验人员判定，这不是疲劳裂纹！那又是什么呢？

火辣辣的太阳下，潘晴川、胡旭明一行对着管道口激烈讨论着。入了迷的他们，都没意识到工作服早已汗透了。

夜深人静，潘晴川还在房间里一圈一圈地转，想得脑袋阵阵发疼。

猛然间，工作服上大朵的汗碱映入他的眼帘："会不会是使用环境恶劣导致的？"潘晴川兴奋得跳了起来。

光谱做不了，先用显微镜观察表面。显微镜下，断面表面腐蚀孔隐约可见。

查阅资料，反复论证分析，又是一个不眠之夜……

"高温暴晒、高盐碱的使用环境，晶界开裂造成弹簧脆性断裂。"安全阀弹簧断裂原因终于找到了！

整体检验工作结束后，技术团队将发现的所有问题逐条分析，并对以后检修提出了合理意见。

中国特检人员此行帮助卡西姆电厂安全续航充足了"电"。截至目前，两台燃煤机组运行稳定，年均发电量约90亿千瓦时，占巴基斯坦每年总发电量的近10%，可满足400万户家庭的用电需求。

踏地有痕

与中国特检院电站检验技术一同"走出去"的，还有来自浙江省特科院的特种设备检验技术和经验。

2016年，浙江省特科院承接了一项光荣而艰巨的任务：为我国援建柬埔寨的5个水电站及2个火电站的特种设备安全运行提供保障。

光荣之处在于，这5个水电站及2个火电站，极大地缓解了柬埔寨国内缺电问题，是中柬两国共建"一带一路"的重点能源项目。

艰巨之处在于，由于当地没有特种设备管理要求，各企业也没有特种设备管理专职人员，缺乏技术人员及检验维护理念，特种设备运行状况及管理模式一直处于半失控状态，稍有不慎就可能威胁水电站安全。

2017年8月，柬埔寨多地气温超过40℃，浙江省特科院高级工程师张文斌与同事们到达金边，再经过7小时车程，辗转到达方圆30公里没有人烟、位于原始森林中的中国华电额勒赛下游水电项目（柬埔寨）有限公司，开展为期10天的检验和培训工作。

企业人员首先给项目组的忠告是：晚上不要出宿舍门，白天不要出厂区门。原因是原始森林里各种毒虫较多，医疗条件又差，距离最近的正规医院开车去也要4个小时，一旦被毒蛇咬伤，后果不堪设想。

起初张文斌他们并没有把厂方的提醒放在心上，直至在检验现场发现了蜕下来的蛇皮，在路上遇到拦在路中间的眼镜蛇，才意识到自己之前想得太简单了。

在加班加点完成了70台起重机械检验，保障了设备安全之后，张文斌和同事们开始着手完成此行最重要的任务——成立浙江省特种设备检验工作站（柬埔寨）。

工作站的业务范围涵盖了定期检验、现场培训、安全阀的在线及离线校验等。做到了在5个工作日内就可以完成校验，并出具检验报告，大大提升了柬埔寨当地电站的特种设备检验效能。

"我感觉我们不光是提供了技术服务，还提供了中国特种设备安全理念和管理模式，实现了中国管理的'走出去'，从而保障'一带一路'建设安全。"张文斌对于自己能参与其中而深感骄傲。

几年来，除了开展技术服务和现场检验，他们还先后为附近7个电厂共培训了20余名特种设备作业和管理人员，较大程度弥补了该厂管理人员的缺失。

如今，得益于工作站的建立，即便是在新冠疫情期间，借助浙江省特科院开发的远程诊断系统，相关工作并没有停歇。

在远程诊断系统上，技术专家夏立正仔细查看问题并认真解答。与此同时，他的微信上还收到了来自由中国、柬埔寨、越南三国公司投资建设的桑河水电站技术人员的求助问题，他很快作出了解答。

随着"一带一路"建设的开展，中国制造的特种设备收到了越来越多的海外订单。上海特检院自取得马来西亚政府授权，开展锅炉压力容器马来西亚职业安全与健康部认证检验以来，先后为上海、江苏、山东等多个省份的特种设备生产企业提供检验服务，应用行业覆盖钢铁、空分、石化、制冷等领域。据统计，自2016年以来，该院累计完成认证检验设备1500余台。

近年来，中国制造特种设备在"一带一路"沿线国家越来越受欢迎，中国制造企业也从单一出口产品转为直接在马来西亚等国家建厂。为满足企业的新需求，上海特检院又积极拓宽认证检验服务范围，为我国企业提供出口马来西亚产品第三方检验、设计注册等"一站式"服务，以实际行动赢得了来自四面八方的称赞。

一桥飞架南北

一座渗透着中国智慧的乳白色拱桥，犹如一支神奇的画笔，在迷人的印度洋上画出了一道优美的弧线。3个V字形桥墩，如同3只优雅的海鸥，展翅翱翔在苍茫的大海上。

这就是位于马尔代夫的"中马友谊之桥"，也是该国第一座跨海大桥。

在对这座大桥特种设备的检验中，山东特检集团的科技人员，用智慧和勤劳，架设了另一座看不见的特检精神大桥。

断腕之举

2016年7月，山东特检集团正式挂牌之后，领导和员工都在思考同一个问题：新天地在哪里？靠什么去开创新天地？大家似乎都在等一个契机。

一年之后，又是一个7月。山东特检集团接到了中国交通建设集团第二航务工程局有限公司打来的电话——他们承建的中马友谊大桥到了施工最关键的阶段，施工的起重机全部由中国制造，由船运到施工现场进行组装调试，项目建设管理也全部执行中国建设安全管理要求，需要有检验机构依据中国规范对起重机进行检验。

电话那端的声音焦急又无奈："请在两天内，给我们一个明确答复，如果你们不能承接……唉……"

施工方的无奈在于，中马友谊大桥建设难度非常大，一年中近300天无法正常施工，窗口期转瞬即逝，一天都等不起。如果不能如期完成检验，后续工期就有可能和大桥横跨的那片风浪最强烈的"恶魔之海"一样，让人束手无策。

"这种项目我们过去都没做过，完全没有经验啊！"

"我们是企业，市场有需求，就该积极响应！"

"这批设备的使用环境这么恶劣，一旦出了质量问题、安全事故，风险太大了！"

"看样子，项目成本收益能持平就不错了，花这么大精力，值当吗？"

……

应不应该接受这份来自印度洋的邀请？全院上下意见分歧很大，谁也说服不了谁。

最后，集团董事长张闽生拍板——接！

"我们要从这个项目开始，争当中国特检海外业务拓展的探路者，闯出一片新天地！"张闽生掷地有声的话语，瞬间打消了盘桓在大家心头的疑虑。

两周后，由集团检验师赵亮带队的项目组抵达马尔代夫。一下飞机，大家就带着行李直奔施工现场。

恶劣的工作环境，让项目组成员倒吸一口凉气：中马友谊大桥施工现场，集结了高温、高湿、高盐、高腐蚀性等不利因素，给工地起重机械的正常运行造成了严重威胁。而赵亮和同事们的工作任务就是，在施工现场起重设备满负荷运行的情况下，保障它们的安全运行。

几乎每天都是30℃的高温桑拿天，长时间穿着厚厚的工作服，衣服湿了又干，干了又湿；身上被蚊虫叮咬得遍布红肿；还有令人心惊胆战的登革热……这些常人难以忍受的恶劣条件，曾让施工方担心会不会把赵亮和他的同事们给吓跑了。然而，山东特检人用专业和敬业的态度打消了施工方的顾虑。他们不仅高效精准地消除了安全隐患，还根据项目施工情况和工地环境，分析制定了特种设备定期检验建议书。为了保障项目的高质量，检验工作已经不限于按照检验规程进行的合规性检验，还有对安全管理、安全作业的技术指导和对设备维护、调试的技术咨询。

在一年多的施工中，山东特检集团先后派出了3批检验人员奔赴马尔代夫，为保证中马友谊大桥工程如期完工提供了特种设备安全保障。

2018年8月30日，中马友谊大桥正式通车。施工人员给赵亮发来了通车仪式现场的视频。赵亮和同事们捧着手机一个一个地看，生怕错过任何一个熟悉的地方，一边看一边回忆着检验工作中的点点滴滴。

当看到曾一起工作过的工地起重专工小李等人站成一排，竖起大拇指齐声高呼"中国特检加油"时，赵亮的眼睛湿润了……

点睛之笔

"走出去"，意味着更大的舞台，也意味着更多未知的风险和挑战。

在柬埔寨金边湄公河畔，耸立着一座特别的装置：88米的高度，让人一览如画如歌的湄公河风貌；绚丽夺目的灯光，让人体会别样的浪漫；特别的造型，如同一朵高空盛放的莲花。这就是位于柬埔寨太子庄园度假区内的"金边之眼"摩天轮。

不光是"金边之眼"，太子庄园度假区的大型游乐设施，全部由中国企业依据中国标准制造和安装。虽然柬埔寨没有对大型游乐设施进行检验的法律规定，但太子集团出于安全考虑，决定按照中国安全技术规范和标准要求进行检验。

2020年8月，眼见开园在即，太子集团向山东特检集团求助："希望在开园前完成全部设备的检验，拜托了！"此时，离开园日只有不到20天。

"我们有能力完成该项检验任务！"由党员专家组成的前方检验组和后方保障组迅速集结，快速推进。

临行前，检验组专家孙景强在检验时腰病复发，需要卧床休养。更换人员？办理出国手续无论如何来不及。办理延期？航班每周只有一班。正在与太子集团协商之时，孙景强自己却打了封闭针，裹上钢护腰，按时出现在了机场。

面对多点散发的新冠疫情和每周一班的国际航班，山东特检人在接到求助电话的几天后，就组队到达金边开始检验工作。和时间赛跑的"山东特检速度"，让人钦佩不已。

9月，正值金边雨季，空气潮湿闷热，经常是上一分钟还晴空万里，下一分钟就大雨倾盆。

一天下午，一场突如其来的大雨，把项目组负责人陈红军从几十米高的游乐设施上"赶"了下来。

眼看这一天马上又要过去了，园区管理人员看着陈红军头发上的汗珠，再看看外面不知何时能停的大雨，无奈地叹了口气。

陈红军主动安慰道："请园区协助再安排一下加班，等雨停了，我们马上恢复检验。"

来不及休息，甚至想不起来休息，项目组就是这样，和金边的雨抢时间。

"金边之眼"的检验是这次任务的重中之重。面对40多米高的中轴检验点，腰伤还没全好的孙景强想办法爬了上去，园区管理人员看见后大吃一惊。孙景强笑着说道："按照检验规程要求，我们必须到设备关键部位进行检验。"

"新安装制造的设备，还需要这么仔细地检测？"

"这些设备可都是中国制造的呀？"

面对园区管理人员的疑问，孙景强耐心解释："不论设备是哪个国家制造的，检验都得按照规程和标准的要求，逐项验证复核。这是我们作为第三方检验机构的责任。"

下基坑，爬廊桥，蹚水池……项目组人员带着仪器设备进行一项项检验，认真记录着每一条检测数据，仔细复核关键部位设备状况，逐条核对安全防护措施，精心为"金边之眼"点睛。

园区管理人员感慨地说："没想到中国特种设备管理这么严格，你们的检验工作这样认真！我们对中国产品更有信心了。"

升起心灵的虹

也许是源于齐鲁大地蕴藏的坚韧和厚道，抑或是来自于这支队伍常年海外工作凝聚而成的精气神，不管你问山东特检集团哪位检验人员，都能得到差不多的答案："宁可自己多吃苦，绝不能给祖国丢脸！"

翻开集团20多个海外项目的介绍，在那一行行代表着项目成果数字的背后，是无数个辗转反侧的夜晚，是远隔重洋、牵肠挂肚的思念，更是绝不放弃的咬牙坚持和始终不变的家国情怀。

拼出一股劲

"时间很紧张，请先把设备资料发给我们。"

"对不起，我们资料很少，你们还是来现场看吧。"

2018年，山东特检集团接到吉尔吉斯斯坦某中资炼油企业开展大检修的项目。让所有人意想不到的是，作为该国最大的炼油厂，厂方居然连最普通的案头准备资料都无法提供。

"中国有非常完备的特种设备生产、维护和修理产业链，而海外

运营项目，会遇到很多不是问题的问题。"这是项目经理张维两次赴
吉尔吉斯斯坦的真实感受。

当检验人员抵达炼油企业车间的第一天，大家伙儿就被眼前的景
象给惊到了：厂方的准备工作几乎一点没做。工艺管线没有断开，脚
手架没有搭设，容器内还散发着刺鼻的气味。车间维修人员拎来了几
个简易人字梯后，就再也不见踪影。所有的一切似乎都在表明一个态
度——这是你们的事，跟我们没关系。

队员们都是身经百战的特检人，可这样的场面还是头一回见。有
人小声嘀咕："这也忒不像话了！"

张维眉头紧锁，忍住心中的不快，赶紧与车间负责人进行沟通，
要求他们尽快做好准备。然后大声招呼队员："行了，咱也别站着了，
先把这焊缝的锈给除了。"

"经理，咱们是来搞检验的，怎么还替他们干起活来了？"一位
队员大声地说出了大家伙心里的委屈。

张维耐心地劝说大家："与其站着等，还不如帮他们一起干。咱
们要用实际行动，让人家知道特检的重要性。再说了，早一天完成任
务，大家就能早一天回家。"

"经理说得对，咱先干起来吧！"队员们一扫刚才的郁闷，热火
朝天地忙碌起来。

张维的判断是对的。第一天检验结束后，当厂方代表看到那份长
长的安全隐患清单和技术材料后，态度完全不一样了。

"太危险了！多亏你们及时检验，不然后果真的不堪设想。"厂方
代表被山东特检集团的敬业和专业行为所打动，连夜协调了施工队

伍，抓紧搭设检验平台通道。

项目进行过程中，又遇到了一个突发情况——由于当时国内正在召开重要国际会议，前往中亚地区的物流不畅，准备起运的仪器设备运输箱被退了回来，至少要两周后才能恢复空运。

"不能再等了，检验人员都到了，就等仪器设备了。飞机运不了，我们干脆开车送过去！"集团领导决定，用汽车运送检验设备到中吉口岸。

从黄海之滨到帕米尔高原，5000公里的路程，3位司机轮流驾驶，星夜兼程，用60个小时完成了这趟横跨祖国东西的"极速快递"。终于赶在第3天清晨，将检验设备安全地送到了吐尔尕特口岸，保障了后续检验工作如期完成。

和时间赛跑的山东特检人，仅用了一个多月的时间，就完成了该项目144台设备以及连接工业管道的检验工作。不仅消除了一批安全隐患，还对在用设备安全状况进行了全面诊断和预测。

临别之际，厂方代表的眼中饱含感激和敬佩之情，目送功臣们踏上归程……

岛上升明月

文莱大摩拉岛，位于加里曼丹岛北部，北濒南中国海，南临文莱湾。一条巨龙般的跨海大桥将大摩拉岛与陆地紧密相连。陆地这边，是熙熙攘攘的码头；而另一边的大摩拉岛上，恢宏壮观的原油储罐、大型石化装置已初显规模。这里有迄今我国民企海外投资金额最大的项目——恒逸（文莱）千万吨级炼油化工一体化项目。山东特检人接下了这一"超级"项目的特种设备检验任务。

大摩拉岛原始面积仅为9.6平方公里,不足两平方公里的项目工地,却有1.2万人同时施工,实行24小时3班倒,人休机不休。为保证工程质量和安全,在热处理、无损检测、耐压试验等每个重要质控环节,都需要检查验收项目部派人员到场检验,确认质量合格后方可继续施工,其工作强度可想而知。

随着管道的打压数量与日俱增,复评、抽片、复片的数量也日益繁重,加之工程施工中多方面存在的各种质量问题,让特检人员应接不暇。经常是这边工作还没结束,那边就已经在催了。

"时间再紧张,工作不能打折扣,检验不能走过场。"他们进入闷热的球罐内,一丝不苟地逐台检查;面对繁杂的锅炉安装,逐条进行梳理,认真监督施工单位整改……

世人向往海岛的风光,而身在其中的队员们却无心欣赏,恶劣的工作环境已让他们头痛不已。为了对付凶狠的紫外线,除了用上安全服、劳保鞋、安全帽外,还要尽可能用围巾包裹住脸、脖子和手臂,不然就会被晒伤。还有随时从天而降的大暴雨,足以将之前所有的努力瞬间清零。更别提那看似安静的沼泽地,随时都可能出现一跃而起的鳄鱼。面对这些,他们没有半点退缩。

2019年2月,项目组成员在岛上过了一个特殊的春节。平时忙碌的特检人终于可以借着聚餐,坐在一起休息一下。项目组领导准备了几道大家平时只能在梦里吃到的中国菜,想让这个异国他乡的春节能有点年味。

本以为队员们肯定会抢着吃,没想到,大家开始连筷子都没动,全都在给家里打视频电话。硬汉们眼巴巴地追着手机屏幕那端，有的对着婴儿高喊："宝宝，快，叫一声爸爸！"有的妻子鼓励丈夫安心工作："我和孩子都挺好，咱妈已经出院了，放心吧！"，有的孩子骄傲地向老爸汇报："爸爸，我很坚强，医生给我胳膊做手术，我都没哭"……

每逢佳节倍思亲，更何况是在异国他乡。入夜，一轮明月高悬在海岛之上。在那间小小的板房里，男子汉们卸下了工作的盔甲，面对远隔重洋的亲人们，尽情倾诉着思念、牵挂和愧疚。欢声笑语与呜咽抽泣交织在一起……

心有一轮明月在，何愁前路不逢春。

两年多日复一日的辛劳，换取的是实实在在的成果：他们在现场检验中共发现问题2000余项，及时消除了多个隐患。

2021年12月，山东特检集团作为第三方检查验收单位，参与建设的恒逸（文莱）石油化工项目，荣获国家工程建设领域最高荣誉——国家优质工程奖金奖。这份荣誉对于这群海岛上的特检人来说，也是对那段时光最好的纪念。

"火炉"炼真金

2020年12月29日，因为疫情变得分外冷清的杭州萧山国际机场，时任苏丹驻华大使等其他人员专门为一支队伍送行，并代表苏丹政府向他们致以诚挚的谢意。

这支逆行的队伍，就是山东特检集团派出的苏丹喀土穆炼油厂检修项目组。

坐落在尼罗河西岸的苏丹喀土穆炼油厂，是2000年由中资企业援建苏丹的首个炼化项目，被誉为"非洲大陆上的一颗明珠"。

2020年年底，苏丹新冠疫情非常严重，而喀土穆炼油厂的检修又迫在眉睫。山东特检集团克服重重困难，承接了这一检验项目，解了苏丹政府的燃眉之急。

历时28个小时的长途飞行，是队员们面临的第一个挑战。大家穿戴着厚厚的隔离服，最大限度少吃东西少喝水。到达目的地时，每个人的嘴唇都干裂起皮，脸上留下了深深的口罩勒痕。

来不及倒时差，更来不及休息，当2021年非洲大陆的第一缕曙光从尼罗河畔升起时，项目组已进驻厂区开始了检验。

检验工程师们在被称为"世界火炉"的苏丹连续奋战了两个多月。白天，暑热难耐，汗流浃背，衣服湿了干干了又湿；到了夜晚，尽快入睡又成了另一个难题。有的队员反复看着家人发来的视频夜不能寐，有的队员苦中作乐把苏丹"无处不在"的蟑螂当成和孩子视频聊天的谈资。更多的时候，大家愿意坐在一起，聊聊海外任务里有意思的事情，比如检验现场响起的枪声、令人后背发凉的传染病、各种吃不习惯的特色食物……

临近工程收尾时，项目组突然发现，通过对运行数据的检测，炼油厂的汽轮机存在安全隐患，必须进行检验，而厂方却没有将其列入本次的检修计划。

项目经理王淑杰立即与厂方进行沟通，并请张维主任先带领大家抓紧编制检验方案。

面对王淑杰真诚的提醒，苏方车间负责人为难地说："本来计划明年再检验汽轮机。按照你介绍的情况，确实应该检验，但现在来不及联系检验单位……"

"放心吧！我们帮你检，在回国前一定能完成。"王淑杰主动接过任务。

其实，王淑杰的内心远不如看起来那么平静：疫情期间国际航班很少，回国的机票一票难求。一旦因为检验错过航班，怎么和大家交代呢？可汽轮机的安全运行很重要，如果不检验，就有可能出现大的事故！虽然这不是本次检验的任务，但既然来了，又怎么能放任着安全隐患不去处理呢？

最终，项目部临时党支部经过研究决定：立即改变回国计划，进行汽轮机检修！

为了保证检验进度和检验人员安全，项目部请厂方协助封闭车间，由有汽轮机检测经验的检验人员分成3班，不穿防护服开展检验检测。经过双方密切配合，在项目部原定返程日期之前，顺利完成了汽轮机检修，并一次开车成功。

刚刚脱险的汽轮机，瞬间发出了急促的轰鸣声，仿佛激动地在说："谢谢！""谢谢！"……

后记

人间四月芳菲尽。

迎着和煦的春风,《特立笃行》一书的写作终于画上了句号。

回顾100多个日日夜夜的风雨历程,我们有过疫情干扰时的采访艰辛,有过家人和自身健康出现问题时的阵痛,也有过"巧妇难为无米之炊"时的困惑……但是,在特种设备人"特种"精神的激励下,在新闻写作人专业情怀的支撑下,我们始终没有放慢或放弃"笃行"的步伐。

此时此刻,身心疲惫的我们在长吁一口气的同时,禁不住感慨万千!

此时此刻,我们忘不了市场监督管理总局特种设备局及局长崔钢的精心策划和指导。

此时此刻,我们忘不了全国各地特种设备相关部门和单位的真诚合作和协助。

此时此刻,我们忘不了中国特种设备安全发展历程研究课题组多位专家的热心指教与帮助。

此时此刻,我们忘不了张纲、陈学东、陈钢、沈功田、刘保余、陈金忠等采访对象的行为感召及倾情支持。

此时此刻,我们忘不了中国特检院院长刘三江等领导和工作人员为写作组提供的有利条件和诸多方便。

　　我们深知，任何一本书都难以"包打天下"。因此，该书稿仅选取了相对更具特色的若干重点和侧面展开写作，力求通过"一滴水反映太阳的光辉"。

　　我们深知，还有不少内容未能进入书稿，其重要原因，就是既无现成的有效素材，又难以采访和收集到合适的事例，故只好把遗憾留给将来的写作者进行弥补。

　　我们深知，由于水平和能力有限，加之材料缺乏，目前对特种设备人的风采和特种设备安全建设成就的展示还不尽完善，其他不足之处甚至差错也在所难免，因此内心感到深深的不安！

　　在此，我们特向各位关注者、支持者表示诚挚的谢意！

　　我们真诚地期待着各位读者朋友的批评、意见和建议！

　　让我们携手同行，共同描绘特种设备事业更加美好的明天。

《特立笃行》编写组

2023 年 4 月 16 日